일생에 한 번

내 집을
고친다면

일생에 한 번

내 집을
고친다면

오아시스 지음

터치아트

완벽함이란 더 이상 뺄 것이 없는 것

-앙투안 드 생텍쥐페리

나는 내가 만든 집에 삽니다

5년 전 겨울, 내 집을 마련했다. 30년이 다 되어가는 작고 오래된 집이었다. 벽지는 연두색에 싱크대는 누렇게 바랬고, 화장실도 내 취향이 아니었다. 오래도록 꿈꾸던 우리 집의 모습은 아니었다.

집을 구입했을 당시 나는 미니멀리즘에 심취해 있었다. 오랜 기간 살림하며 넘쳐나는 물건에 피로했다. 물건 비우기를 연습하며 간결하고 단정한 공간에 관심을 갖게 되었고, 새로 이사 갈 우리 집을 깨끗하게 고쳐야겠다는 생각이 들었다.

인테리어 업체 몇 군데에 알아보니 내가 가진 예산으로는 원하는 곳에 맡기는 것이 불가능했다. 나는 루이스폴센 조명도 갖고 싶었고 세븐체어도 갖고 싶었다. 오래도록 마음에 품은 꿈이었다.

그렇게 고민하다 셀프 인테리어를 하기로 마음먹었다. 다소 헷갈릴 법한 용어이긴 하나, 여기서 말하는 '셀프 인테리어'는 직접 시공하는 것이 아니다. 디자인·설계·감리는 직접 하되 시공은 공정별 전문가에게 맡기는 것이다. 이것을 구분하기 위해 '반셀프 인테리어'라는 용어를 쓰기도 하지만 통상 셀프 인테리어라고 한다.

셀프 인테리어를 하면 업체에 맡기는 것에 비해 천만 원에서 삼

천만 원, 크기에 따라 그 이상도 아낄 수 있다. 나는 절약한 비용으로 원하던 가구와 조명을 살 수 있었다. 셀프 인테리어를 할 이유는 그것만으로도 충분했다.

셀프 인테리어를 통해 적은 예산으로 평소 자신이 꿈꿔온 공간을 만들 수 있다는 것은 정말 매력적이다. 과정은 쉽지 않았지만 두세 달의 고생은 기꺼이 감수할 수 있었다. 공사를 준비하고 진행하며 참 힘들었는데, 새롭게 배워가는 그 순간들을 긍정하고 즐기기로 했다. 몸이 좀 피곤해도 밝게 인사하고 작은 일에도 정성을 다했다. 어려운 점이 있을 때는 용기를 내어 지혜를 구했다. 여러 작업자들이 함께 의견을 내고 최선을 다해 시공해주었는데 그러자 마음속에 가득했던 걱정과 두려움이 사라졌다. 마음가짐과 태도를 바꾸니 모든 것이 달라졌다.

이 책에는 우리 집을 셀프 인테리어로 고치고, 이후 다양한 평수의 아파트 리모델링 공사를 직·간접적으로 경험하며 보고 배운 현장의 노하우를 담았다. 경험해보지 않으면 알기 힘든 시공의 디테일한 부분들이다. 또한 공간을 바라보는 나의 시선과 이야기도 함께 담았다. 공사를 하며 꾸준히 기록한 글을 다듬고 더해서 완성한 것이다. 각자의 환경, 가족 구성원, 취향 등이 다르므로 나의 경험이 정답이라고 할 수는 없으나 인테리어 공사를 준비하는 사람들에게 조금이나마 도움이 되면 좋겠다.

일본 최대의 서점 브랜드 '츠타야'를 운영하는 마스다 무네아키는 그의 책《지적자본론》에서 모든 사람이 디자이너가 되어야 한다고 말한다. 누구든, 어디에 있든, 어떠한 일을 하든 디자이너가 되어 자유롭게 살아가라고 한다. 나는 그 말에 깊이 공감한다. 기회가 된다면 누구나 한 번쯤은 자신이 사는 공간을 직접 디자인해보면 좋겠다. 어떤 집이 편안한지, 어떤 집이 아름다운지 고민하며 자신에 대해 알아가는 소중한 시간이 될 것이다.

나는 내가 디자인한 집에서 계절마다 변하는 창밖의 나무를 보며 꿈을 그린다. 내가 그랬던 것처럼 누구나 원하는 공간에서 자유롭고 행복하길 바란다. 위로와 안정이 가득하길 바란다.

2023년
오아시스

차례

1부

미니멀 인테리어,
나도 할 수
있을까?

1
인테리어,
용어가 헷갈려요

인테리어 공사는 다음과 같이 세 가지 유형으로 나눌 수 있다. 사전적으로 정립된 용어가 아니다보니 사람마다 조금씩 다르게 사용하는 경우도 있으나 작업 현장에서 소통하며 경험한 것을 토대로 개념을 정리했다.

턴키 공사

집의 설계, 디자인, 시공까지 전 과정을 인테리어 회사에 일임하는 방식이다. 경험이 많은 전문가에게 맡기므로 비교적 수월하게 공사를 진행할 수 있고, 추후 하자 보수도 처리해주어 편리하다. 여러 회사의 포트폴리오를 살펴보고 마음에 드는 업체 몇 군데에서 견적을 받아 비교해본 후 예산과 진행 절차, 소통 방식 등을 두루 헤아려 결정하면 된다. 잘한다고 소문난 업체는 이미 몇 달 전에 예약이 꽉 차 있는 경우가 많으니 시간적인 여유를 두고 미리 알아봐야 한다.

셀프 인테리어 직영 공사

자신이 직접 각 공정별 기술자를 섭외하여 진행하는 방식이다. 턴키 공사에 비해 비용을 줄일 수 있고, 스스로 주체가 되어 원하는 디자인과 자재를 자유롭게 선택하고 시도할 수 있다는 장점이 있다. 그러나 시공 순서와 자재, 마감 방법 등 인테리어 공정에 대한 기본적인 내용을 공부해야 하고 검증된 작업자를 섭외하지 못할 경우 완성도가 떨어질 수 있다. 직영 공사를 반셀프 인테리어 공사라고 부르기도 하는데, 실제로 셀프 인테리어 공사라고 표현하는 경우가 많으므로 이 책에서도 그 개념을 따랐다.

DIY 공사

인테리어 공사의 공정 중에서 가능한 부분을 본인이 직접 시공하는 방식이다. 방문 손잡이, 샤워기, 수전을 교체하거나 스위치와 조명을 설치하는 것은 관련 영상을 찾아보며 혼자 힘으로 하는 경우도 많다. 또 방문이나 싱크대, 붙박이장 등에 인테리어 필름지를 입혀 리폼하거나 벽에 페인트칠을 하여 분위기를 바꾸기도 한다.

DIY 공사는 인건비가 들지 않는다는 장점이 있는 반면 전문적인 기술이 필요한 부분들이 많아 쉽지는 않다. 감각과 재능이 있다면 부분 공사에 도전해볼 수 있겠지만 실패할 경우 시공비가 배로 들 수 있으므로 신중하게 접근해야 한다.

2

나는 셀프 인테리어로
내 집을 고쳤다

나는 셀프 인테리어를 하기 위해 2년 정도 열심히 공부했다. 수백 개, 아니 수천 개가 넘는 다양한 공간의 사진을 살펴보았고, 시공이나 자재에 관해 궁금한 점이 있으면 몇 날 며칠 밤을 지새우며 답을 찾을 때까지 파고들었다. 마루가 먼저인지, 도배가 먼저인지 시공의 앞뒤 순서도 헷갈렸고, 자재는 어디서 구입해야 하는지, 작업자는 어떻게 찾아야 하는지 정말 아는 것이 하나도 없었다. 욕실 타일을 고르기 위해 열 번도 넘게 타일 가게를 방문했고, 창호를 교체하려니 가격이 부담되서 열 군데 넘는 창호업체에 전화를 했었다. 인테리어를 공부할 당시 내 핸드폰 사진첩에는 온통 캡처한 집 사진들뿐이었다. 그만큼 내 안에는 아름다운 집에 대한 강한 열망이 있었다.

나는 왜 그토록 셀프 인테리어를 하고 싶었을까. 이유는 크게 두 가지였다. 첫 번째 이유는 비용을 절감하고 싶은 마음이 가장 컸다. 당시 내가 가용할 수 있는 예산은 3천만 원이었는데 원하는 인테리어 회사에 맡기기에는 부족한 금액이었다. 평수나 자재에 따라 다르겠지만 셀프 인테리어를 하면 적게는 1천만 원에서 많게는

3천만 원, 공사 내용에 따라 그 이상도 줄일 수 있다. 턴키 공사와 달리 셀프 인테리어는 자재비, 작업자 인건비 등을 직거래 금액으로 지불한다는 장점이 있다. 공사 과정을 공부하고 작업자를 섭외하여 현장 감리까지 하는 것이 결코 쉬운 일이 아니다. 그러나 예산이 충분하지 않은 나에게는 더없이 좋은 방법이었다. 게다가 한 번 공부해두면 부분 공사든 전체 공사든 필요할 때 활용할 수 있을 테니 해볼 만했다.

셀프 인테리어를 하고 싶었던 두 번째 이유는 내 취향을 최대한 반영하고 싶었기 때문이다. 인테리어를 공부하는 동안 다양한 집의 모습을 찬찬히 살펴보며 내가 어떤 소재나 톤을 좋아하는지 알아가는 과정이 무척 즐거웠다. 막연하고 희미했던 취향이 점점 선명해지면서 자재나 시공 방법에 어떠한 제한도 두지 않고 원하는 것을 시도해보고 싶었다. 내 취향에 맞는 업체를 찾아 턴키 방식으로 맡기는 것이 최선이겠지만 일정이나 공사비 등 모든 조건을 충족하는 것이 불가능했기에 조금 고생스러울지라도 직접 시도해보기로 했다.

셀프 인테리어를 하기로 마음먹기까지가 힘들지 막상 시작하고 나면 집이 변화하는 모습에 흥분되고 설렌다. 자신이 디자인한 공간이 완성되어 그곳에서 산다는 것이 얼마나 특별하고 멋진 일인지 경험해본 사람만이 안다.

3

보면 볼수록
안목은 높아진다

인테리어 공사를 하기 위해서는 우선 기본적인 공정, 시공 방법과 같은 실제적인 내용을 알아야 한다. 〈셀프 인테리어 My Home〉과 같은 온라인 카페, 〈오늘의집〉, 〈숨고〉 같은 인테리어 서비스 플랫폼 등 주로 인터넷 검색을 통해 많은 정보를 얻을 수 있다. 인테리어 공사는 개별 공정으로만 보면 안 되고 철거, 창호, 전기, 목공, 타일, 도배 등 모든 공정의 유기적인 흐름과 연관성을 파악하고 진행해야 한다.

　인테리어를 보다 '잘'하기 위해 추천하는 방법이 있는데 그것은 바로 '관찰하기'이다. 인테리어 공부에 몰입할 당시 내가 주로 봤던 것은 공정 순서나 방법이 아니었다. 〈핀터레스트Pinterest〉 같은 이미지 공유 플랫폼, 관심 있는 인테리어 업체의 포트폴리오 등에서 내가 좋아하는 집의 사진을 수집하고 관찰하는 데 가장 많은 시간을 할애했다. 때로 너무 많은 정보와 사진들로 혼란스러울 때면 내가 좋아하는 단정하고 아름다운 집의 사진을 다시금 들춰보았다. 그러면 무엇을 더 넣기보다는 무엇을 더 빼야 할지 정리되며 원하는 집의 모습이 더욱 선명해졌다.

　인테리어를 처음 하는 사람들은 도면이나 3D 작업 시안을 보지 못했기 때문에 집의 전체적인 모습을 상상하기 어렵다. 설레고 의욕적인 마음으로 해보고 싶었던 것을 다 넣으려 할 수 있는데 너무 과한 것은 아닌지, 주변과 조화를 이루며 잘 어울리는지 충분히 고민해봐야 한다.

가령 웨인스코팅벽에 사각 프레임 형태로 덧대는 장식 몰딩과 원목 간살중문창살 프레임 형태의 문을 모두 좋아한다고 함께 적용하는 것은 생각해볼 일이다. 예쁜 걸 다 모아놓는다고 집이 더 예뻐지는 것은 아니다. 집의 전체적인 콘셉트에 집중하며 살릴 것은 살리고, 버릴 것은 과감히 버려야 한다. 조명의 위치와 디자인, 타일의 모양과 색상, 가구의 소재와 컬러까지 공간 전체의 모습을 상상하며 밸런스를 맞추는 것이 더 중요하다.

자신이 살고 싶은 집의 모습을 찾아보고 상상하는 데 시간을 들여보자. 보면 볼수록 안목은 높아진다.

4

예산, 얼마든지
줄일 수 있다

인테리어 공사를 하려면 비용이 만만치 않다. 몇천만 원은 기본이
고 평수나 자재에 따라 억대를 넘기기도 한다. 경우에 따라 다르겠
지만 보통은 집을 구입하는 데 이미 큰돈을 지출한 상황이라 인테
리어 공사에 또다시 큰 비용을 들이는 게 부담스러울 수 있다. 따
라서 제한된 예산 안에서 선택과 집중이 필요하다.

　비용을 최대한 줄일 수 있는 예를 들어 보겠다. 오래된 아파트
라면 나는 우선 창호를 교체할 것이다. LG나 KCC는 대표적인 창
호 브랜드라 금액적으로 부담이 되므로 그보다는 좀 더 저렴한 창
호로 대체한다. 철거 공정에서도 전체 철거보다는 철거 범위를 줄
여 비용을 아낀다. 목공, 인테리어 필름 등 각 공정팀과 의논하여
문이나 문틀을 리폼할 수 있다면 철거하지 말고 살린다. 또 베란다
타일도 덧방기존 타일 위에 새 타일을 덧대어 시공하는 데 문제없다면 철거
하지 않는다. 단, 욕실 타일은 덧방보다는 철거 후 시공을 추천하
고 욕실, 주방, 세탁실 설비 교체는 꼭 필요한 경우에만 한다. 목공
에서는 최소한의 라인만 정리하고, 타일은 600각600×600mm 크기
의 중국산 타일을 골라 시공한다. 붙박이장은 싱크대와 신발장 등

최소한으로 제작한다. 가성비 좋은 PET페트 소재로 싱크대의 라인을 잘 잡고, 깨끗한 디자인의 인조대리석 상판으로 시공한다. 당장 예산이 부족하다면 붙박이장은 하지 않고 갖고 있던 가구를 쓰거나 나중에 제작해도 된다.

마루는 평당 10만 원 이내의 내추럴한 오크 톤 강마루로, 도배지도 비싸지 않은 페인트 느낌의 하얀 벽지를 고른다. 만약 주방 가구를 교체할 만큼 예산이 충분하지 않다면 기존 싱크대를 인테리어 필름지로 리폼하거나 문만 교체하는 방법도 있다. 교체 비용과 리폼 비용을 잘 비교해서 결정하면 된다.

비용을 줄일 수 있는 방법을 예로 든 것인데, 이것을 가감하거나 응용하면 부족한 예산 안에서도 충분히 리모델링을 할 수 있다. 시스템창, 유럽산 타일, 고급 싱크대, 수입 수전, 실크벽지, 원목마루, 물론 이런 고급 자재를 쓰면 좋겠지만 예산의 벽에 부딪혀 포기하거나 실망하지 않기 바란다. 아름다운 집에 대한 열망을 갖고 열심히 연구하면 누구나 본인이 가진 예산으로 만족스러운 공간을 만들 수 있을 것이다.

5

직장인이
셀프 인테리어를 한다면

턴키 업체에 인테리어를 맡긴다면 직장을 다닌다 해도 상관이 없다. 하지만 셀프 인테리어를 하기로 마음먹었다면 상황은 좀 다르다. 공정별 작업 내용 파악, 자재 선택, 레이아웃 디자인, 마감에 대한 이해 등 공부할 것이 의외로 많다. 직장을 다니며 인테리어 공부를 하는 것이 쉽지는 않지만 몇백에서 몇천만 원의 비용을 아낄 수 있으니 해볼 만한 일이라고 생각한다.

직장인이 셀프 인테리어를 하기 위해서는 우선 그 수고를 감당할 수 있을지 심사숙고해야 한다. 그리고 도전해보겠다는 결심이 서면 뒤돌아보거나 망설이지 말고 준비를 시작하자.

평일에는 퇴근 후 틈틈이 공정 내용을 공부하고, 주말에는 인테리어 자재상이 모여 있는 곳에 가보는 것을 추천한다. 타일, 마루, 조명을 눈으로 직접 보고 만져보며 상상했던 것과 같은지 확인해보는 것이 좋다. 자재를 한 번 보고 결정하기 어려운데 설령 결정했다 하더라도 집의 전체적인 톤이나 디자인 콘셉트에 맞는지 계속 점검하며 수정하기를 반복하게 될 것이다.

공사 기간은 30평대까지는 4주 내외, 대형 평수는 6주 내외의 시간이 걸리며 그 이상 걸리는 경우도 있다. 작업은 보통 아침 9시부터 시작하는데 아파트마다 공사 소음 허용시간이 다르니 미리 규정을 확인해야 한다. 시공팀은 보통 8~9시 사이에 도착해서 준비를 시작하는데 이 시간에 현장에 와서 작업 내용을 체크한 후 출근하는 것이 가장 바람직하다. 매일 아침 현장에 오는 것이 여의치 않다면 공사 전 실측하는 날 현장에서 최대한 자세하게 작업 내용을 의논하고 전달해놓아야 한다. 공사할 때는 전화나 문자로 사진을 주고받으며 소통하기도 한다.

만약 현장에 거의 오지 못하는 상황이라면 셀프 인테리어를 추천하지 않는다. 현장에서 직접 확인해야 할 사항이 많은데 작업자와 소통에 차질이 생기면 계획한 대로 시공되지 않아 서로 난감한 상황이 생길 수 있다.

출근하기 전 현장에 들를 수 있는 경우, 또는 휴가나 반차를 내서 현장에 잠깐씩 들를 수 있는 경우라면 직장인도 셀프 인테리어를 할 수 있다. 반차 내는 날짜는 각 공정의 시작일을 추천한다. 철거, 전기, 목공, 타일 등 주요 공정 때는 현장을 보면서 작업 내용을 정리해야 추후 전화로 소통할 때도 수월하다. 퇴근 후에는 늦게라도 현장에 와서 청소와 정리 정돈을 하고, 잘못되거나 빠진 부분이 없는지 체크한 후 전화와 사진을 통해 수정 사항을 요청한다.

이렇듯 방법적인 문제는 어떻게든 해결할 수 있으니 차라리 쉽다. 가장 중요한 것은 셀프 인테리어를 하겠다고 마음먹고 용기를 내는 것이다.

6

정리가 필요 없는
미니멀 라이프

살림을 시작하면서 수납 용품의 세계에 대해 알게 됐다. 살림 초보 시절, SNS를 통해 다른 집 냉장고 안을 보게 됐는데 칸칸이 잘 정리된 수납 용기를 보고 깜짝 놀랐던 기억이 있다. 와, 어떻게 저렇게 정리를 잘할 수 있지? 나는 당장 마트로 달려가 수납 용기를 종류별로 사서 살림의 고수들을 따라 했다. 어디 냉장고뿐인가. 옷장과 베란다를 정리하는 수납 박스도 잔뜩 사서 집에 있는 모든 물건을 완벽하게 정리하겠다는 각오로 며칠을 씨름했다.

그로부터 10년이 넘는 세월이 흘렀고 내가 갖고 있던 수십 개의 수납 박스는 이제 거의 다 처분했다. 나는 이제 수납 용품에 관심이 없다. 수납 박스를 사서 정리하고 버리기를 반복하며, 그 시간이 아깝고 피로하게 느껴졌다.

나는 정리하는 대신 정리할 거리를 줄이기로 했다. 소비의 패턴을 바꿔 물건을 쉽게 사지 않기로 했다. 물건을 사는 것에 조금 더 신중하며, 평생을 두고 기분 좋게 쓸 수 있는 최소한의 물건을 사는 쪽으로 삶의 방향을 바꾸었다.

식료품도 마찬가지다. 작은 냉장고로 살림했던 우리네 부모님처럼 그때그때 조금씩 장을 보고, 바로 음식을 해 먹는다. 홈쇼핑,

대형마트에서 잔뜩 사서 소분해 냉동실에 보관했던 고기와 생선은 몇 개월이 지나고 나서야 발견된 적도 많았고, 이걸 먹어도 되나 싶을 정도로 신선도가 의심스러운 적도 많았다. 소분 용기와 보관 용기를 최소한으로 두니 냉장고도 삶도 가벼워졌다.

나는 이제 정리의 달인이나 고수를 봐도 아무런 감흥이 없다. 수납 박스에 각 맞춰 깔끔하게 정리하는 기술이나 센스는 내게 전혀 필요하지 않다. 나는 시간이 날 때마다 집에 불필요한 물건이 없는지, 비울 게 없는지 찾아본다. 그렇게 살림이 가벼워질수록 마음과 시간은 넉넉해지고 생활에 여유가 생겼다.

물질이 넘쳐나는 시대다. 물건을 유용하게 사용하는 즐거움과 물건에 치이지 않는 여유, 그 밸런스를 잘 찾아가길 바란다.

7
완벽하지 않아도
괜찮다

새로 인테리어 공사를 하거나 홈스타일링을 하면 너무 많은 정보에 눈높이도 올라가고 자꾸 욕심이 생겨 예산보다 무리하게 되는 경우가 많다.

나 역시 고급스럽고 미니멀한 융스위치도 달고 싶었고, 벽은 벤자민무어 페인트로 도장하고 싶었다. 당시 여러 페인트 업체에 견적을 알아봤는데 시공비가 꽤 컸고, 도장할 경우 목공 작업까지 추가되니 비용은 계속 올라갈 게 자명했다.

천장에는 시스템에어컨을 매립하면 더없이 깔끔하고 좋을 것 같았다. 실제로 에어컨 업체에서 실측하고 견적까지 받았지만 결국 비용 때문에 포기하고, 기존에 쓰던 스탠드형 에어컨을 사용하기로 했다.

욕실에는 호텔처럼 매립 수전을 시공하고 싶었고, 주방 싱크대 상판은 고급스러운 세라믹 소재로 하고 싶었다. 이 모든 것을 하고 싶어 시공법을 공부하고 금액을 비교하며 수없이 계산기를 두들겼다. 하지만 내 예산은 3천만 원이었고 이내 현실을 직시하기로 했다. 정말로 중요한 것만 선택하고 나머지는 포기하거나 대안을 찾았다.

인테리어 공사를 할 때 나처럼 예산이 빠듯한 경우라면 절대 무리하지 않기를 바란다. 하나에 1만 원이 넘는 고가의 융스위치가 아니어도, 심플한 3천 원짜리 기본 스위치도 괜찮다. 값싸고 실용적이면서 디자인도 무난한 이케아 제품을 잘 쓰고 있다면 구태여 프리츠한센을 검색하지 않아도 된다. 간절히 갖고 싶은 것은 사되 모든 걸 완벽하게 채우지 않아도 괜찮다.

나는 이사하고 몇 개월이 지난 후에 블라인드를 맞췄다. 창마다 모두 달지 않고 꼭 필요한 공간에만 설치했다. 해가 많이 드는 서쪽으로 정말 불편한 곳에만 달고, 거실은 커튼 없이 그냥 휑한 상태로 지낸다. 창밖으로 보이는 사시사철 변하는 나무는 그 어떤 커튼보다 아름답고 사랑스럽다. 융스위치 없어도, 매립 수전 없어도, 커튼 없이 휑한 거실도 충분히 만족스럽다. 모든 것이 완벽하지 않아도 괜찮다.

8

1cm에
집착하는 이유

평소 사소한 것에 크게 신경 쓰지 않는 사람이라도 인테리어 공사할 때는 1cm에 집착해야 한다. 나는 24평 우리 집이 최대한 넓어 보일 수 있도록 1cm, 아니 그보다 더 작은 부분에도 지나칠 만큼 매달렸다.

우리 집은 천장이 낮은 오래된 아파트라 목공팀 실측 때 천장에 관한 것부터 물어보았다.

"목수님, 천장을 최대한 높이고 싶은데 얼마나 더 높일 수 있을까요?"

목수는 천장 공간을 보더니 높여봐야 2~3cm 정도라 굳이 새로 할 이유가 없다고 했다. 천장을 다시 하면 목공비가 추가되므로 특별한 하자가 없다면 보통은 그대로 둔다고 했다. 그래도 나는 천장을 새로 해달라고 요청했다. 작은 집에서 2~3cm는 정말 소중했다. 천장을 조금이라도 높여 수평과 수직을 반듯하게 만드는 게 공간을 깔끔하고 세련되게 만드는 방법이라고 생각했다.

화장실 천장도 마찬가지였다. 도기 작업자에게 미리 전화해서 화장실 천장과 배관 사이를 얼마나 띄워야 하는지 확인한 후, 최소한의 공간만 남기고 욕실의 벽타일을 최대한 올려 천장이 높아 보이도록 했다.

우리 집 천장에는 몰딩이 없다. 붙박이장에는 서라운딩이 없고, 욕실과 주방 타일에는 코너비드모서리 마감재가 없으며, 마루와 타일 사이에는 재료 분리대가 없다. 몰딩, 서라운딩, 코너비드, 재료 분리대 모두 1cm가 안 되거나 조금 넘는데, 그것들이 차지하는 공간이 아무리 적어도 없앨 수 있다면 다 없앴다. 그야말로 1cm에 집착했다. 면이 깔끔한 무몰딩 도배, 코너비드 없는 졸리컷 시공, 서라운딩 없는 비규격 제작 가구의 경우 일반 시공과 비교하면 비용이 조금 더 드는 경우가 많다. 하지만 간결하고 단정한 집을 만드는 것이 내가 인테리어를 하는 목적이었기에 그 부분에는 기꺼이 비용을 지불했다.

인테리어 공사 후 집에 놓을 가구도 마찬가지였다. 크지 않은 아이 방에 부담되지 않도록 책장은 최소한의 깊이로 제작했고, 작은 거실에 맞는, 길지 않고 깊지 않은 아담한 패브릭 소파를 선택했다. TV도 소형으로 바꿨고, 테이블 사이즈도 여러 차례 줄자로 재어가며 비교해 신중하게 골랐다. 작지만 아름다운 우리 집은 이렇듯 1cm에 집착했던 나의 무수한 고민과 노력이 담겨 있다.

인테리어 공사를 할 때 집의 크기와 구조를 생각하며, 이처럼 작은 부분까지 꼭 챙기기 바란다. 때로는 1cm의 작은 차이가 공간 전체의 분위기를 결정한다.

9

하나부터 열까지
사람이 하는 일

집 하나를 고치려면 해야 할 일이 정말 많다. 내 취향을 반영해 집을 디자인하고, 자재를 선택하고, 그 외 콘센트 위치나 조명의 종류 등 자잘한 부분까지 수많은 것들을 확인해야 한다.

턴키 업체에 공사를 맡기면 다양한 시공 경험을 토대로 모든 공정의 연계성을 고려하여 알아서 잘 설계하고 시공해준다. 하지만 셀프 인테리어를 준비하는 사람이라면 혼자이고 초보라는 생각에 많은 것이 두려울 것이다. 모든 것이 처음이다보니 어렵고 막막한 부분이 많을 텐데 이때 각 분야별 전문가에게 도움받을 수 있다.

우리 집 하나를 만들기 위해 철거·설비·창호·전기·목공·타일·인테리어 필름·도장·도배·붙박이가구 등 많은 시공팀이 오는데 오랜 경력과 시공 노하우를 갖고 있어 궁금한 것을 물어보면 대체로 자세히 알려준다. 시공할 때 챙겨야 할 부분, 주의할 점뿐 아니라 더 나은 아이디어, 내가 미처 생각하지 못한 부분까지 짚어준다.

공사에 들어가면 두려움과 설렘이 교차하는데 막상 시공팀이 작업하는 모습을 보면 두려움보다는 기대감이 더 커진다. 한 치의 오차 없는 커팅, 정교하고 꼼꼼한 마감, 앞뒤 공정을 감안한 시공까지 전문가다운 모습에 감탄이 절로 나온다.

우리 집을 공사하던 추운 겨울날, 나는 아침 일찍 편의점에 들러 발바닥과 배에 핫팩을 붙이고, 손난로를 쥐고 씩씩하게 현장으로 갔다. 좀 더 쾌적하고 편안한 작업 환경을 위해 커피나 간식을 준비하고 청소, 잡일, 심부름을 먼저 나서서 했다. 또한 최선을 다하는 작업자들에게 늘 감사한 마음을 표현했다.

나의 진심을 알았는지 시공팀 모두가 어떻게 하면 우리 집을 더 예쁘게 만들 수 있을지, 어떻게 하면 더 깔끔하게 마감할 수 있을지, 하나부터 열까지 나와 의논하고 함께 아이디어를 내주었다. 철거 범위와 배관 설비, 벽 간접등 사이의 간격, 커튼 박스 깊이, 가벽의 두께, 전기 배선과 스위치, 조명의 위치와 종류, 타일의 배열, 펜던트 줄 길이 하나까지 그 모든 것들을 말이다.

지나고보니 그동안 내가 공부했던 이론들은 정말 작은 부분에 불과했고 실제 공사하며 시공팀으로부터 배운 것들이 훨씬 많다. 덕분에 예쁘게 완성된 집을 보면 참으로 감사할 따름이다.

공사의 처음부터 끝까지, 이 모든 것은 결국 사람이 하는 일, 존중과 배려의 마음을 갖는 것이 셀프 인테리어 성공의 지름길이다.

10
나의 이야기가
담긴 집

집을 고치기 위해 자재를 보러 다니다보면 조금씩 욕심이 생긴다. 중국산 타일보다 유럽산 타일이 왠지 더 세련된 것 같고, 장판이나 강마루보다 원목마루가 좋아 보이며, 싱크대 상판도 인조대리석보다 세라믹이 고급스러워 보인다.

하지만 인조대리석 가격의 배가 넘는 세라믹 상판을 시공하기가 어디 쉬운 일인가. 중국산 타일이 헤베^{제곱미터}당 2~3만 원 대인데, 두세 배 가격의 유럽산 타일을 선택하는 것 역시 쉽지 않다.

대부분의 경우 예산이 한정돼 있으므로 원하는 자재를 모두 쓸수는 없다. 또한 가장 비싼 것들이 무조건 아름다운 집을 만들어준다고도 생각하지 않는다. 나는 인테리어의 중요성을 잘 알지만 더 중요한 것은 그 집에 머무는 사람들의 이야기라고 생각한다.

예를 들자면 방 한편에 들어오는 따뜻한 햇살, 서툴지만 소중히 키우는 화분, 손때 묻은 책, 내 꿈을 기록하는 노트, 향긋한 차가 담긴 찻잔, 저녁 시간 옹기종기 둘러앉는 테이블, 웃음이 묻어나는 가족 간의 대화, 영혼을 어루만져주는 음악과 향초 같은 것들이다. 이런 것들로 가득한 집이라면 인테리어 자재의 종류, 값비싼 가구의 유무는 그리 중요하지 않다.

비싸지 않은 자재들로 공간을 매력적으로 돋보이게 하는 방법은 의외로 간단하다. 복잡한 시공이나 장식을 덜어내고 간결한 인테리어로 공간을 정리하는 것이다. 그러고 나서 나의 이야기가 담긴 살림살이를 채워나간다면 누구든 편안하고 창의적인 공간을 만들 수 있다. 예산 때문에 스트레스 받을 때마다 욕심을 조금 내려놓고, 나 자신과 가족에 대해 먼저 생각해보면 좋겠다.

함께 사는 강아지를 위해 바닥재를 고민하는 사람도 있을 것이고, 화분을 가꾸기 좋도록 발코니를 확장하고 싶지 않은 사람도 있을 것이다. 또 영화를 좋아해서 미디어룸을 갖고 싶은 사람, 명상을 좋아해서 아무것도 없는 텅 빈 공간을 갖고 싶은 사람도 있을 것이다. 가족 구성원 한 명 한 명의 이야기를 담은 집이야말로 진정 아름답고 의미 있는 공간이 되리라고 생각한다.

값비싼 자재나 고급 시공법보다 중요한 것은 그곳에 머무는 사람들의 소중한 삶이 묻어나는 따뜻하고 정다운 집이라는 것을 기억하기 바란다.

2부

미니멀
인테리어의
비밀

1

욕실

욕실을 호텔처럼 고급스럽게 만들기 위해서는 일종의 공식 같은 것이 있다. 600각 이상의 대형 타일, 졸리컷 시공, 건식 세면대와 하부장, 매립 수전, 고급 욕실 액세서리 같은 것들이다.

욕실 한 칸을 리모델링하는 비용을 보통 300~400만 원 정도로 잡는데 위와 같이 하려면 최소 1.5배에서 많게는 2배도 들 수 있다. 따라서 고급 시공법을 다 적용하려 하기보다는 꼭 하고 싶은 것을 골라 집중하는 것을 추천한다.

예를 들면 600×1200mm 사이즈의 유럽산 타일 대신 600×600mm 사이즈의 깔끔한 중국산 타일을 고르고, 설비 비용이 드는 매립 수전 대신 간결한 디자인의 일반 수전을 단다. 또 욕실을 건식으로 바꾸면 각 공정별 비용이 추가되므로 습식 그대로 쓰고 샤워부스 쪽만 약간의 단차를 준다. 욕실 인테리어에서 개인적으로 포기하지 못하는 시공법을 고르자면 벽과 바닥을 600각 이상의 하나의 타일로 통일하고, 코너비드 대신 졸리컷으로 시공하는 것이다.

다양한 시공 사례를 참고하며 자신이 꿈꾸는 욕실은 어떤 모습일지 상상해보기 바란다.

비밀1
군더더기 없는
졸리컷

군더더기 없는 고급스러운 욕실을 만드는 데 타일, 조명, 도기, 액세서리 등 어느 것 하나 중요하지 않은 것이 없지만 나는 일등공신으로 단연 졸리컷을 꼽는다. 우리 집 욕실이 다른 집과 별로 다른 게 없는 것 같은데 왠지 모르게 깔끔하게 느껴지는 것은 바로 이 졸리 시공 덕분이다.

졸리컷이란 타일 끝면을 45도로 커팅하여 타일과 타일이 일체감 있게 만나도록 하는 타일 모서리 가공법이다. 타일과 타일이 직각으로 만날 때 보통은 모서리 부분에 코너비드라는 마감재를 사용하는데 졸리 시공을 하면 다른 마감재를 덧대지 않아도 된다. 이질적인 재료를 추가로 사용하지 않으므로 시각적으로 훨씬 깔끔하다.

조적 선반과 졸리컷

이질감이 드는 것은 코너비드뿐만이 아니다. 칫솔, 치약 등 욕실의 자잘한 용품을 올려놓는 세면대 뒤쪽의 조적 선반 젠다이도 마찬가지다. 아마 많은 가정집의 욕실 조적 선반이 인조대리석으로 되어 있을 것이다. 조적 선반 또한 벽돌 위를 타일로 마감하며 졸리 시공까지 하면 일체감 있고 깔끔한 욕실을 만들 수 있다.

욕실 조적 선반의 높이는 가족 구성원의 키를 고려해서 조절할 수 있다. 낮은 것보다는 1미터 내외로 높이는 것이 사용하기 편하고 보기에도 고급스럽다. 작업자에게 세세한 부분을 따로 언급하지 않으면 막상 시공한 뒤 상상했던 것과 느낌이 다를 수 있으니 사전에 반드시 정확한 사이즈까지 말해놓아야 한다.

조적 선반의 길이는 여유 공간이 있다면 욕조 끝까지 하는 것도 좋다. 대부분의 아파트 욕실에는 샴푸 수납을 위해 삼각 코너 선반을 설치하는데 나는 그렇게 하고 싶지 않았다. 대안으로 떠오른 아이디어가 조적 선반을 욕실 끝에서 끝까지 시공하는 방법이었다. 선과 면의 단절을 최소화해 디자인적으로도 예쁘고 실용적일 거라고 예상했는데 탁월한 선택이었다. 조적 선반을 욕조 끝면까지 연장하려면 선반의 폭만큼 욕조 수전을 앞으로 당겨와야 하므로 설비 작업 시 수도 배관을 연장해야 한다. 만약 욕조가 작아지는 것이 싫다면 조적 선반을 세면대 라인까지만 시공하면 된다.

조적 파티션과 졸리컷

샤워부스에 유리 파티션을 쓰는 경우가 많은데 유리에 끼는 물때가 미관상 거슬리고, 관리 면에서도 번거로울 수 있다. 그 대안으로 조적 파티션을 만들 수 있다. 벽돌을 쌓고 타일로 마감하며 졸리컷 시공을 더하면 견고하고 고급스러운 샤워 파티션이 완성된다. 시공 비용과 공간의 크기를 따져보고 가능하다면 시도해볼 만하다.

조적 파티션 안쪽 샤워 공간에 수납용 선반을 다는 대신 매립 샴푸 박스를 만드는 방법도 있다. 시공 사례를 두루 참고하여 자신의 환경과 취향에 맞는 요소들을 시도해보자.

샤워 공간에는 매립 샴푸 박스를 만들고, 물때 청소의 번거로움을 덜기 위해
유리 파티션 대신 조적 파티션을 시공했다. 세면대 뒤쪽 조적 선반을 졸리 시공으로 마감했다.

가성비, 가심비 좋은
600각 타일

인테리어 공사를 할 때 타일이 들어가는 곳은 주방, 욕실, 베란다, 현관 등 생각보다 많다. 타일 구입을 위해 자재상을 둘러봐야 하는데 서울은 주로 을지로와 논현동에 모여 있다. 을지로에는 다양한 가격대의 타일이 있고, 논현동에는 유럽산 고급 타일까지 종류가 다양하다. 자재상에 가면 샘플 타일만 보고 전체 공간을 상상해야 하므로 생각보다 선택이 쉽지 않다. 처음 인테리어를 하는 사람에게는 특히 어려운 부분일 것이다. 나는 열 차례도 넘게 여러 자재상을 가보며 타일 보는 눈과 감각을 키웠다. 그 정도는 아니더라도 최소한 두세 차례는 방문하여 타일을 비교해보면 좀 더 나은 선택을 할 수 있을 것이다.

무광의 담백함, 600각 포세린 타일

타일은 크게 자기질 타일과 도기질 타일로 나뉜다. 자기질 타일이 도기질 타일에 비해 견고하고 내구성이 높아 요즘 많이 선호한다. 자기질 타일에는 무광의 포세린 타일과 유광의 폴리싱 타일이 있는데, 나는 무광의 담백함이 좋아 포세린 타일을 선호한다. 타일 사이즈는 300×300mm 부터 300×600mm, 600×600mm, 450×900mm, 600×1200mm 등 다양하며, 모자이크나 서브웨이 타일처럼 작은 타일도 있다.

그러면 수많은 타일 중 어떤 타일을 골라야 할까? 가성비, 가심비 있는 600×600mm 사이즈의 600각 타일을 추천하며 예산이 된다면 600×1200mm 사이즈도 훌륭하다. 또한 사이즈 외에도 색상, 질감, 패턴, 비용 등을 종합적으로 고려해야 한다.

타일 고르기

타일을 고를 때는 우선 욕실의 기본 색감을 정해야 한다. 타일 색상은 공간의 전체적인 분위기를 결정짓는 중요한 요소이다. 베이지는 부드럽고 따뜻한 느낌, 그레이는 모던하고 시크한 느낌, 작은 알갱이와 입자가 섞인 테라조는 은근한 경쾌함이 특징이다.

욕실의 기본 색감을 정했다면 다음은 타일 표면의 질감을 정한다. 매끈한 타일의 장점은 청소와 관리가 쉽다는 것이다. 하지만 물이 흥건할 때는 미끄러워 자칫 넘어질 위험이 있으므로 어린아이나 노인이 있는 집이라면 거친 질감의 타일을 추천한다.

다음은 타일의 패턴을 본다. 패턴이 연할수록 차분하고 단정하며, 강할수록 화려하고 웅장하다. 비슷한 색상의 타일도 패턴이 거의 없는 것, 약한 것, 강한 것 등 특징이 다양하니 느낌을 비교해보며 취향에 맞는 것을 고른다.

비용은 중국산 600각 타일의 가격이 보통 헤베제곱미터당 2~3만 원대이며 조금 더 고급스러운 느낌을 원한다면 유럽산 타일을 살펴보면 된다. 원하는 욕실 분위기에 맞춰 타일의 색상, 질감, 패턴, 비용까지 두루 살피며 자신만의 기준을 잘 정해보기 바란다.

하나의 타일로 통일하기

보통의 경우 바닥 타일 사이즈는 물이 배수구로 잘 흘러가도록 하는 경사도, 즉 구배를 잡기 쉽도록 300각300×300mm 타일로 시공한다. 하지만 좀 더 세련된 느낌의 욕실을 원한다면 600각 이상의 큰 타일로 바닥까지 시공하는 것을 추천한다. 600각 또는 450×

다양한 색상의 600각 포세린 타일과 거친 질감의 타일. 욕실 타일을 고를 때는
가장 먼저 기본 색감을 정하고 타일 표면의 질감, 가격을 감안해 선택한다.

900mm, 600×1200mm 이상의 큰 타일로 벽과 바닥을 통일하는 것이 졸리컷과 더불어 미니멀한 욕실을 만드는 중요한 요소이기 때문이다.

때때로 욕실 콘셉트에 따라 큰 타일을 기본으로 하고, 바닥이나 벽 한쪽에만 포인트가 되는 쪽타일을 넣어 디자인적 요소를 줄 수 있다.

타일 시공 후 타일 사이를 채우는 줄눈의 색상도 다양하다. 비둘기색이라 불리는 연그레이 색상을 주로 사용하는데 그레이 색상도 진하기와 색감이 다양하므로 타일과 어울리는 것으로 골라야 한다. 또한 쪽타일이냐 대형 타일이냐에 따라 줄눈의 개수가 달라지므로 취향은 물론 관리적인 측면도 고려해서 선택한다.

바닥과 벽 모두 450X900mm 사이즈의 포세린 타일로 시공해
전체적으로 통일감 있는 욕실을 완성했다.

단순하고 세련된
도기 선택

타일과 마찬가지로 도기류도 을지로나 논현동 자재상에 가면 종류가 다양해서 장단점을 비교하며 살펴보기 좋다. 대표적인 도기 브랜드는 대림, 계림, 이누스, 아메리칸스탠다드 등이 있다. 논현동에는 고급 수입 제품이 많은데 예산이 적다고 무조건 지나치기보다는 직접 눈으로 살펴보며 고급스러운 소재와 디자인에 대한 감각을 익히면 좋다.

세면기·양변기와 같은 도기류를 구입할 때 함께 구입해야 할 품목은 휴지걸이·수건걸이와 같은 액세서리, 세면 수전·샤워 수전 등의 수전류, 욕조, 유가바닥 배수구 덮개, 환풍기 등이다. 품목이 많다보니 가능하면 많은 종류를 취급하는 업체에서 한 번에 구입하는 것이 편리하다. 특별히 원하는 브랜드가 있거나 특정 품목의 가격이 저렴한 곳이 있다면 각각 따로 구입할 수도 있다. 예를 들어 수전만 따로 수입 제품을 직구할 수 있다.

세면기, 기본 트랩을 망치 트랩으로

세면기 디자인은 하부가 도기로 감싸진 형태와 트랩이 노출된 형태가 있다. 만약 트랩이 노출된 디자인을 선택한다면 기본 트랩을 망치 트랩으로 교체하는 것이 세련되고 고급스럽다. 망치 트랩은 '고급 트랩', '호텔 트랩' 등으로 불리기도 하는데 기본 트랩보다 디자인이 깔끔하다. 세면기를 주문하면 기본 옵션이 꼬불꼬불한 일반 트랩인데 주문할 때 망치 트랩으로 교체해 달라고 하면 되고, 약간의 추가 비용이 발생한다.

양변기도 움푹 들어가거나 돌출된 부분 없이 단순한 선의 제품을 고르면 무난하고, 변기 물탱크와 본체가 나뉘어 있는 투피스형보다는 하나로 이어진 원피스형이 이음매가 적어서 깔끔하다. 물론 투피스 변기가 구조적 특성상 물 내림이 수월할 수 있으니 자유롭게 선택한다.

욕조와 샤워부스

욕실이 두 개인 집은 한쪽은 샤워부스, 다른 한쪽은 욕조를 시공하는 경우가 많다. 욕실이 하나라면 가족 구성원의 라이프 스타일에 따라 샤워부스나 욕조 둘 중 하나를 선택해 시공한다.

욕조는 설치할 공간의 가로, 세로 사이즈를 먼저 확인한 다음 구입해야 한다. 욕조 크기를 정할 때는 철거 전과 후, 타일과 접착제의 두께 등을 계산해야 하는데 어려울 경우 타일 시공자에게 도움을 요청하면 된다. 인테리어 초보자에게는 사소한 것 하나도 어려울 수 있으므로 공정별 전문가에게 조언을 구하는 것이 필수다.

샤워부스를 설치할 경우 물이 튀는 것을 방지하기 위해 유리 파티션 또는 조적 파티션을 만들어 공간을 분리하는데 파티션 조적 관련 사항은 철거·설비업체나 타일팀과 상의하면 된다.

욕조 끝까지 조적 선반을 만들고 공간 크기에 맞는 욕조를 넣었다.
욕조가 작아지는 것이 싫다면 조적 선반을 세면기 있는 곳까지만 시공한다.
세면기 트랩은 사진처럼 망치 트랩으로 하면 세련미 있고 깔끔하다.

욕실 폭이 좁고 긴 형태라 조적 선반을 없애 개방감을 주었다.
왼쪽의 움푹 들어간 벽에는 창이 있었는데 창을 막고 300각 타일을 시공했다.
유리 파티션, 거울 간접등, 위트 있는 오브제가 매력적인 욕실이다.

욕실 옆 파우더룸에 언더카운터 세면기를 매립하고 하부장을 제작해 넣었다.

욕실 액세서리,
실용성과 디자인 둘 다 잡기

나는 공간을 만들 때 어떻게 하면 좀 더 미니멀하게 만들 수 있을까 고민한다. 욕실의 경우에도 타일과 도기류 외에 수건걸이, 휴지걸이, 수전, 비누받침, 칫솔꽂이, 양치컵 등 작은 것 하나하나가 모여 공간이 완성되므로 어느 것 하나 허투루 고를 수 없었다.

수전은 매립 수전이 고급스럽다. 하지만 가격이 비싼 편이고, 설비 작업부터 설치까지 이래저래 비용이 추가된다. 나 역시 매립 수전을 하고 싶었지만 비용상의 문제로 포기했다. 대신 내가 할 수 있는 것에 집중하기로 했다.

액세서리 고르기

우리 집 욕실은 세면 수전과 욕조 수전, 액세서리의 브랜드를 하나로 통일해 욕실에 일체감을 주었다. 세면 수전은 작고 깔끔하며 사용하기 편리한 것으로 골랐고, 욕조 수전 또한 디자인이 단순하고 물이 나오는 모양이 예쁜 것으로 골랐다.

수건 선반은 아예 없는 것이 깔끔하지만 실용적인 측면을 생각해 2단으로 하나 설치했다. 청소솔, 샤워볼, 빨랫비누를 고리에 걸어놓고 유용하게 쓰고 있다. 선반 위에는 작은 바가지 정도만 올려놓고 손빨래를 하거나 청소할 때 사용한다.

욕실 도구 색상은 모두 흰색으로 통일했다. 휴지걸이는 윗선반이 없는 디자인이 더 심플하지만 실용성을 생각해서 선반이 있는 제품으로 선택했다. 욕실 액세서리도 종류가 무척이나 다양하니 디자인과 실용성을 두루 헤아려 자신의 취향에 맞는 욕실을 만들기 바란다.

작아도 충분하다

우리 집 욕실에는 기다란 바 형태의 수건걸이가 없다. 대신 옷걸이용으로 나온 제품을 수건걸이로 사용한다. 작은 욕실에서 최대한의 여백을 확보하기 위한 나의 작은 아이디어다. '수건을 꼭 가로로 길게 펼쳐 걸어야 할까?'라는 생각이 들었고 축축한 수건이 벽 한편을 차지하는 것도 싫었다. 작은 액세서리에 툭 하고 수건을 걸치니 보기에 자연스럽고 홀가분한 마음까지 들었다. 작지만 충분했다.

우리 집 욕실에는 커다란 수납장도 없다. 벽을 가득 메운 모습이 답답해 보여 최소한의 면적을 차지하는 작은 수납장을 달았다. 비누받침, 칫솔꽂이, 양치컵도 단순한 디자인으로 선택해 사용한다.

우리 집 욕실에는 크게 비싼 제품은 없다. 내가 구입한 세면기는 10만 원도 안 되는데 비싼 제품은 100만 원도 넘는다. 나는 마음에 드는 집의 모습을 꾸준히 살펴보고 참고하여 합리적인 가격의 미니멀한 제품을 선택했다. 우리 집에는 매립 수전도, 고급스러운 하부장도 없지만 공사하고 몇 년이 지난 지금까지도 호텔 욕실에 들어선 기분이다.

간결한 디자인의 휴지걸이와 수건걸이.
타일의 색감과 액세서리 디자인에 따라 욕실 분위기가 달라진다.

아늑함을 더해주는
욕실 조명

조명의 경우 종류도 다양하고 조도, 색온도 등 용어가 생소해서 초보자가 조명 배치를 계획하는 것이 쉽지 않다. 다양한 조명을 사용해본 경험과 본인의 감각에 따라 결과물이 달라지므로 평소 관심을 갖고 많이 보는 것이 중요하다.

특별한 욕실 공간을 만들고 싶다면 기본적으로 욕실 천장에 다운라이트를 매립하고, 때로 분위기를 내기 위해 벽등이나 펜던트를 설치하는 것도 좋은 방법이다.

다운라이트는 천장에 구멍을 뚫고 그 속에 광원을 매립하는 조명인데 사이즈는 2인치, 3인치, 4인치, 6인치 등이 있다. 미니멀한 공간을 위해 주로 2~3인치를 추천하는데 작업의 편의성 면에서는 3인치가 무난하다. 크지 않은 공간인 욕실에 더 큰 사이즈는 부담스럽다. 다운라이트 개수는 욕실의 크기나 소비전력와트에 따라 다르지만, 자연스럽고 눈이 편안한 것을 선호한다면 3개 정도면 무난하다. 빛의 밝기, 즉 조도에 대한 개인적인 취향과 공간의 크기에 따라 다운라이트 개수를 더하거나 뺄 수 있다.

스위치 회로 분리하기

전기 작업자에게 스위치 회로 분리를 요청하면 조도를 조절할 수 있어 실용적이다. 우리 집은 다운라이트 2개에 펜던트 1개로 분리했는데 나는 은은한 빛을 좋아해서 펜던트 1개만 켤 때가 많다. 아이들은 밝은 걸 좋아해서 다운라이트 2개를 켜는 스위치를 주로 사용한다. 펜던트 하나만 켜고 욕조에 뜨끈한 물을 받아 반신욕을 하면 내 작은 욕실은 그야말로 지상낙원이 된다.

천장 매립등 외에 거울장 하부에 간접등을 넣거나, 펜던트나 월

램프 같은 포인트등을 설치할 경우 미리 작업자에게 알려 배선 작업을 계획해야 한다. 우리 집의 경우 2개의 다운라이트는 4000K이며 펜던트는 3000K이다. 색온도는 그야말로 취향대로 하면 되는데 전부 4000K를 매립해도 되고, 4000K를 기본으로 3000K의 포인트 조명을 섞어 아늑하고 은은한 느낌을 더해도 좋다. 색온도에 대해서는 3부의 전기 배선 공사조도와 색온도, 182쪽에서 자세하게 다룬다.

나는 우리 집 욕실 포인트등을 고를 때 호텔처럼 아늑한 분위기를 상상하며 몇 날 며칠 인터넷을 검색했다. 적당한 사이즈와 마음에 드는 디자인을 모두 갖춘 포인트등을 찾는 것이 쉽지 않았다. 그러다 아담한 우리 집 욕실에 꼭 어울릴 만한 자그마한 흰색 펜던트등을 발견했다. 많은 시간을 투자해 어렵게 찾아낸 조명이라 그런지 볼 때마다 더욱 사랑스럽다. 나는 공간의 아늑함을 채워줄 마지막 한 방울이 바로 조명이라고 생각한다.

위 왼쪽부터 3000K, 3000K와 4000K를 함께, 4000K 조명을 켰을 때,
아래 사진은 포인트 조명과 다운라이트를 켰을 때 모습.
취향과 필요에 따라 조명의 종류와 색온도를 선택하면 된다.

깔끔한 욕실 문턱
만들기

도어실doorsill, 문턱, 문지방 모두 비슷한 용어이다. 방문이야 문턱을 아예 제거해버리면 되지만, 욕실은 물을 쓰는 곳이기에 문턱이 있어야 한다. 문턱이 없으면 욕실 밖으로 물이 튀어 마루가 썩는 불상사가 생길 수 있다.

욕실 문턱 시공법은 다음과 같이 세 가지 정도로 추릴 수 있다.

첫째, 문틀과 같은 자재로 문턱을 시공하는 방법이다. 목수가 공사 전 문 사이즈를 잰 후 목공사 때 문턱과 문틀을 함께 시공한다. 문턱의 높이는 30mm 내외이며, 문틀 시공까지 완료되면 욕실 문을 설치한다.

둘째, 인조대리석으로 마감하는 방법이다. 인조대리석 샘플을 보고 컬러와 사이즈를 정해 맞춤으로 제작한다. 배송된 인조대리석을 타일 작업자가 욕실 문턱에 딱 맞게 재단하여 시공해준다. 물이 욕실 밖으로 넘어가지 않도록 턱이 있으면서도, 첫 번째 방법보다 미관상 깔끔하다.

셋째, 타일이 문턱까지 올라오고, 타일과 마루가 일대일로 만나는 형태이다. 첫 번째 방법보다 디자인적으로 고급스러우나 타일과 마루가 재료 분리대 없이 만나게 하는 까다로운 시공이라 숙련된 기술자만 작업 가능하다. 욕실 안과 밖 사이에 높낮이 차는 있지만, 마루와 타일이 일대일로 만나기 때문에 욕실에서 쓰는 물이 넘쳐 마루에 닿지 않도록 조심해야 한다.

인테리어는 보기에도 좋아야 하고 실용성도 놓쳐서는 안 된다. 각각의 종류와 장단점을 파악하여 자신의 집에 적합한 형태를 선택하자.

왼쪽 페이지 욕실 문턱은 목수가 문틀과 함께 시공하는 형태이다.
오른쪽 위는 인조대리석 문턱, 아래는 타일 문턱이며 타일팀이 시공한다.

2

주방과 다용도실

주방은 음식을 만들고, 밥을 먹으며 대화하고, 때때로 테이블에 앉아 차를 마시거나 책을 읽는 등 생각보다 오랜 시간 머물게 되는 공간이다. 넓고 쾌적한 조리대와 편리한 수납공간, 멋지고 편안한 다이닝 공간을 갖는 것은 많은 사람들의 로망이기도 하다.

주방 인테리어는 주방 벽과 바닥의 소재뿐만 아니라 싱크대 레이아웃과 소재, 싱크볼의 크기, 수전 등 결정해야 할 것들이 의외로 많다. 그리고 인덕션과 후드, 식기세척기, 냉장고, 소형가전에 이르기까지 취사선택해야 할 물건들도 한두 가지가 아니다.

싱크대 상판, 주방 가구의 서라운딩 등 좀 더 디테일한 부분까지 챙길 수 있다면 주방을 더할 나위 없이 미니멀하고 쾌적한 공간으로 만들 수 있다. 다양한 시공 사례를 살펴보며 자신의 집 주방에 적용하고 싶은 부분은 어떤 것들이 있는지 생각해보자.

작은 싱크볼도
사용하기 나름

미니멀한 주방을 만들기 위한 다양한 요소 가운데 먼저 '싱크볼 크기'에 대한 이야기다. 우리 집의 경우 24평 작은 주방에서 조리대를 넓히기 위해 고민을 많이 했다. 보통의 가정집 주방에서는 가로 사이즈가 약 800mm인 싱크볼을 시공한다. 나도 처음에는 당연히 그렇게 해야 하는 줄 알았다. 800mm 싱크볼을 넣어 주방 도면을 그려봤는데 전기레인지까지 넣으니 조리대가 몹시 비좁았다. 조금 더 작은 싱크볼은 없을까 찾다가 가로가 500mm인 싱크볼을 발견하고는 눈이 번쩍 띄었다. 사용 후기를 찾아보니 1인 가구나 보조 주방, 사무실 같은 곳에서 사용하는 경우가 대부분이었다. 순간 잠시 망설여졌다. 너무 작아서 사용하기 불편하면 어떡하나 걱정이 되었다.

싱크볼, 작아도 쓸모 있다

나는 주방 싱크볼 사이즈는 800mm가 정석이라는 고정관념에서 벗어나기로 했다. 설거지 양이 많을 때는 식기세척기를 사용하면 될 일이다. 결국 500mm 싱크볼을 설치했는데 실제로 써보니 크기는 작지만 깊이가 깊어 괜찮았다. 작은 싱크볼을 선택한 덕분에 조리 공간을 300mm나 더 확보할 수 있었다. 덕분에 주방이 전혀 작다는 생각이 들지 않았고, 여전히 만족스럽게 사용하고 있다.

　싱크볼의 크기는 500mm보다 더 작은 것부터 900㎜가 넘는 것까지 선택의 폭이 넓다. 주방의 크기, 싱크볼의 활용도, 개인적인 선호도에 따라 크기를 고를 수 있다.

싱크볼 디자인

싱크볼의 형태는 모서리가 둥근 형태와 각진 사각 형태가 있다. 보통 둥근 싱크볼에 수전을 함께 설치하는 제품을 많이 시공했는데 요즘에는 세련된 느낌의 사각 싱크볼을 선호하는 추세다.

사각 싱크볼의 단점은 코너에 물때가 잘 끼고 청소를 신경 써서 해야 한다는 점이다. 이러한 단점을 보완한 중간 형태도 있으니 두루 살펴보고 자신의 취향이나 주방의 상황에 맞는 것을 선택하면 된다.

또 싱크볼 깊이가 얕은 것과 깊은 것, 표면에 엠보싱 처리가 있는 것과 없는 것, 화이트와 같은 컬러감이 있는 싱크볼 등 다양한 선택지가 있으니 주방 인테리어와 개인적인 취향에 맞는 제품을 찾아보면 좋겠다.

싱크볼 브랜드는 국산은 백조, 수입 브랜드는 블랑코나 레지녹스 등이 있다.

위 왼쪽부터 380mm, 500mm, 730mm, 아래는 840mm 싱크볼.
주방 크기와 조리 공간을 계산해 자신에게 맞는 크기의 싱크볼을 선택한다.

비밀2

주방의 꽃,
수전

주방 수전에 대해 깊이 생각해본 적이 있는가. 돌이켜보면 나는 살림을 시작하고 늘 평범한 주방 수전을 사용해왔고, 주방 수전이 얼마나 중요한 역할을 하는지 전혀 알지 못했다. 인테리어 공사를 위해 고급스럽고 단아한 주방 사진을 수없이 들여다보면서 보통의 주방과 어떤 점이 다른지 찾고 또 찾았다. 그때 간결한 라인의 무광 수전이 눈에 들어왔다. 순간 수전이 이토록 아름다울 수 있구나, 감탄이 절로 나왔다.

수전, 욕심낼 만하다

나는 열심히 수전에 대해 검색하기 시작했다. 그리고는 사진에서 보았던 바로 그 수전들을 눈으로 직접 확인하고 싶어 논현동 자재상을 찾아갔다. 실물의 아름다움에 한 번 놀랐고, 그 가격에 한 번 더 놀랐다.

고급 수전 브랜드는 다양한데 대표적으로 많이 알려진 것은 그로헤GROHE, 한스그로헤hansgrohe, 콜러KOHLER 등이다. 원래 내가 가장 갖고 싶었던 것은 한스그로헤 제품이었는데 너무 비싼 가격에 망설여졌고, 막상 실물로 보니 큰 주방에 어울리는 디자인이었다. 그 외에 가격과 디자인이 괜찮은 수전은 그로헤 민타 제품으로 무광 스틸의 듀얼직사와 분사 기능이 있는 모델이었다. 한스그로헤 제품보다 저렴했지만 역시 비싸기는 마찬가지였다.

수입 브랜드 제품 가격이 부담스럽다면 국내에서 판매하는 더존테크, 폰타나 등의 제품이 있는데 비교적 저렴하면서 깔끔한 디자인의 제품을 선보이고 있다. 수입 제품의 가격대는 30만 원 이상인데 국내 제품은 20만 원 내외로 형성돼 있다. 품질이 동일하다고 할 수는 없지만 예산을 절감할 수 있기에 두루 살펴보기를 추천한다.

주방의 완성은 수전

주방 수전을 결정하지 못하고 헤맬 때 독일 제품인 그로헤를 독일 아마존에서 사면 조금 싸게 살 수 있다는 사실을 알게 됐다. 가격과 디자인, 모두 만족스러운 최적의 제품을 찾다가 예산을 생각해 원래 갖고 싶었던 무광 재질의 듀얼 기능 제품을 포기하고 무광에 직수만 되는 싱글 타입으로 결정했다. 샤워 스프레이 기능이 없어 설거지를 할 때 물이 튈까 염려되었지만 대신 좀 더 미니멀할 거라고 생각했다. 국내에서 사는 것보다 싼 가격에 품질 좋고 예쁜 수전을 갖게 되어 행복했다.

요즘은 직구뿐만 아니라 구매 대행도 많이 보편화됐다. 다만 직구, 구매 대행 제품은 가격이 비교적 싼 대신 애프터서비스를 받는 것이 불편할 수 있다는 점을 감안해야 한다.

나는 주방의 완성은 수전이라고 생각한다. 주방 인테리어의 기본 바탕인 타일과 가구가 아무리 좋아도 수전이 둔탁하면 마무리가 덜 된 듯 감동이 없다. 단정하고 세련된 주방을 만들기 위해 수전에 대해 꼭 한번 생각해보기 바란다.

디자인이 미니멀한 무광 스틸의 그로헤 수전.
직사와 분사 둘 다 되어 아름다우면서 실용적이다.

얇을수록 보기 좋은
싱크대 상판

싱크대 상판의 소재는 생각보다 다양하다. 인조대리석, 엔지니어드스톤칸스톤, 세라믹, 원목, 스테인리스 등을 쓸 수 있으며 각 소재별 장단점도 뚜렷하다. 천연석이 주재료인 엔지니어드스톤은 오염에 강하며 내구성이 뛰어나다. 세라믹 상판은 강도가 높고 색감과 디자인이 고급스럽다. 스테인리스 상판은 위생적이며 관리하기 편한 것이 장점이다. 일반적으로는 저렴하고 가공성이 좋은 인조대리석을 많이 사용한다.

나는 한때 따뜻한 감성의 원목 상판을 꿈꿨지만 물 가까이 두고 쓰기에는 관리하기 까다로울 것 같아 포기했다. 엔지니어드스톤과 세라믹은 고급스럽지만 예산을 초과했다. 그래서 가격이 적당하면서도 색상 선택의 폭이 넓은 인조대리석을 선택했고, 최대한 세련되어 보이도록 디테일한 부분에 신경 썼다.

미니멀한 싱크대 상판의 조건

싱크대를 미니멀하고 세련돼 보이게 하는 차이는 무엇일까?

첫째, 상판의 두께다. 가정에서 일반적으로 시공하는 싱크대 상판의 두께는 보통 40~50mm 정도다. 상판 두께를 이보다 얇게 바꾸기만 해도 주방 분위기가 확 달라진다. 나는 우리 집 상판을 정할 때 12mm와 24mm 둘을 놓고 고민하다가 24mm로 결정했는데 요즘은 12mm로 시공하는 집도 많다. 안정성과 내구성만 괜찮다면 상판은 얇을수록 세련된 느낌이 든다.

둘째, 상판 뒤턱을 제거한다. 뒤턱의 역할은 벽과의 수평을 손쉽게 맞추고, 상판 위의 물이 싱크대 틈 사이로 스며들어 가구가 상하는 것을 막는 것이다. 생긴 모양새가 몰딩을 연상시켜 미니멀하고 고급스러운 분위기와는 거리가 멀다. 나는 뒤턱을 없앴고, 모서리는 실리콘으로 마무리했다. 실리콘으로만 마감하면 물이 샐까 봐 걱정하는 사람도 있을 텐데 내가 3년 이상 써본 결과 전혀 문제가 없었다. 또 설령 물이 샌다면 실리콘을 다시 쏘면 된다.

셋째, 색상의 선택이다. 인조대리석의 색상은 브랜드별, 라인별로 다양하다. 시공할 싱크대 색상과 자연스럽게 어울리는 톤으로 골라야 한다.

큰돈 들여서 고급스럽게 만드는 것은 누구나 할 수 있다. 그러나 예산이 충분하지 않더라도 시도해볼 수 있는 최선의 방법을 찾아내고 싶었다. 위와 같은 세 가지 방법을 통해 비싸지 않은 인조대리석 상판으로도 주방을 깔끔하고 세련되게 연출할 수 있었다. 엔지니어드스톤이나 세라믹 상판처럼 '나 좀 봐주세요' 하고 멋들어지게 뽐내지는 않지만 차분하게 제 역할을 수행하고 있다.

12mm 두께의 얇은 인조대리석 상판을 시공하고 상판 뒤턱을 없앤 싱크대.

주방 분위기를
결정하는 타일

타일에 대한 기본적인 내용은 욕실 편42쪽에서 소개했다. 이번에는 정갈한 주방을 만들 수 있는 두 가지 타일을 추천한다.

첫째, 600각 이상의 포세린 타일이다. 300×300mm, 300×600mm 같은 사이즈보다는 좀 더 큰 사이즈의 타일을 시공했을 때 정갈하고 깔끔하다. 가성비 고급 시공으로 추천하는 주방 타일 사이즈는 600각이다. 600×1200mm 타일, 또는 그 이상의 사이즈도 있지만 타일 사이즈가 커질수록 가격 부담도 커진다. 큰 타일일수록 줄눈의 개수가 적어 더욱 깨끗한 인상을 주므로 예산이 허락하고 취향에 맞는다면 시도해볼 만하다.

두 번째 추천 타일은 모자이크나 서브웨이 타일 같은 작은 타일이다. 경쾌하면서도 감각적인 느낌을 준다. 기본 컬러인 화이트도 좋지만, 생동감 있는 컬러로 주방에 포인트를 줄 수도 있다. 하지만 작은 타일은 줄눈이 많아 음식물이나 기름이 튀면 청소하기 번거롭다는 단점이 있다. 실용적인 면에서는 줄눈이 적은 큰 타일이 관리하기 편하다. 줄눈 색상은 연그레이를 기본으로 하되 타일 색과 어울리는 색을 적절하게 선택하면 된다.

우리 집 욕실과 주방은 하얀 바탕에 회색과 검은색 알갱이가 뒤섞여 있는 600각 테라조 타일을 시공했다. 베란다와 현관은 패턴이 심플하고 가격대가 저렴한 600각 포세린 타일을 시공했다. 집의 크기도 작고, 내가 워낙 단순한 걸 좋아해 두 종류의 타일만 사용했다. 욕실과 수방 모두 같은 테라조 타일을 썼는데도 공간과 조명이 다르기 때문에 분위기 역시 다르다.

주방 타일은 사이즈가 클수록 줄눈의 개수가 적어 정돈된 인상을 준다.
위 사진은 600×1200mm 타일로 벽을 세로로 시공한 주방,
오른쪽 페이지는 800×800mm 타일을 시공한 주방이다.

주방 가구 서라운딩,
없앨 수 있다

'서라운딩'이라는 용어를 처음 듣는 사람도 있을 것이다. 주방 가구 서라운딩은 말 그대로 싱크대를 둘러싸고 있는 자재를 일컫는다. 상부장, 키큰장, 싱크대 옆면을 둘러싸고 있다. 서라운딩을 두르는 이유는 간단하다. 싱크대 상·하부장을 설치하는 공간의 벽과 천장의 수직 수평이 완벽히 맞을 수 없기에 균일하지 않은 틈을 가려 미관상 보기 좋게 하기 위해서다. 보통은 규격화된 사이즈의 가구를 시공한 후 틈이 보이는 테두리는 서라운딩을 두르는 방식으로 마감한다.

안 되는 것은 없다

나는 세련되고 고급스러운 주방은 어떤 부분이 다른지 자료들을 찬찬히 살펴보며 당연한 줄로만 알았던 서라운딩을 없앨 수 있다는 사실을 알게 됐다. 그래서 우리 집을 고칠 때 주방 가구 업체를 찾아다니며 묻고 또 물었다.

"사장님, 싱크대 두르고 있는 몰딩 같은 거 없앨 수 있을까요?"

"아, 서라운딩이오? 그러려면 맞춤으로 해야 해요. 그런데 비규격이라 비싸서 그렇게들 안해요."

어딜 가나 같은 대답이었다. 안 된다는 말을 얼마나 많이 들었는지 모른다. 다들 안 된다고만 하니 좌절의 연속이었다. 어찌 보면 틀린 말은 아니다. 기존 규격 사이즈로 맞추면 편한데, 서라운딩 없이 우리 집 사이즈에 빈틈없이 딱 맞춰야 하니 당연히 번거롭고 비용도 올라간다.

하지만 욕실의 졸리 시공처럼 미니멀한 주방 인테리어를 위한 필수 요소라는 생각에 포기가 안됐다. 비용이 더 들어도 서라운딩을 꼭 없애고 싶었다. 그 대신 후드는 창문을 자주 열어 환기시키면 되므로 저렴한 것으로 택하고, 싱크대 상판도 인조대리석으로 결정해 예산을 조정했다.

서라운딩을 없애는 것은 사실 그렇게 간단하지 않다. 천장과 벽의 수직 수평이 맞지 않으면 빈틈의 크기가 균일하지 않아 완성도가 떨어진다. 그래서 오래된 집의 경우 천장면이 평탄하지 않으면 목공 때 천장을 새로 하는 것이 낫다. 서라운딩을 없애는 것이나 천장을 새로 만드는 것 모두 비용이 추가되는 일이니 상황에 맞게 선택한다.

어쨌든 나는 주방 가구뿐 아니라 붙박이장, 신발장까지 모두 서라운딩을 없앴다. 내가 인테리어 공사할 당시만 해도 서라운딩을 없애는 업체가 많지 않았는데 요즘은 점점 늘어나는 추세다. 직접 업체에 방문해 비교하고 후기도 살펴본 뒤 믿을 만한 곳에 맡겨야 한다.

서라운딩, 그 얇은 판 하나가 뭐 그리 거슬린다고 돈을 더 들여서까지 없애느냐고 할 수 있겠지만, 나는 이 작은 차이가 간결하고 세련된 주방을 위한 필수 요소라고 생각한다.

주방 가구와 천장이 만나는 부분에 두르는 서라운딩을 없앴다. 이때 천장면의
수직 수평이 잘 맞아야 하므로 경우에 따라 목공사 때 천장을 새로 하기도 한다.

비밀6

정리가 필요 없는
단출한 주방 살림

나는 집에 물건이 적은 게 좋다. 그러면 하나하나가 참 귀하고 예뻐 보인다. 주방도 마찬가지다. 주방 살림의 개수를 줄이려 노력했고 도구를 마련할 때는 색상과 소재 등 작은 부분까지 신경 썼다. 우리 집 주방 살림살이의 톤을 보면 그릇은 흰색, 도구는 스테인리스 또는 나무뿐이다. 알록달록한 조리 도구들은 마음먹고 다 처분했다. 포인트 컬러로 주방에 생기를 불어넣는 것도 좋겠지만, 흰색이나 나무와 같은 자연스러운 톤이 나에게 편안했다.

컵은 공방에서 얻은 작은 도마에 올려놓았다. 주방 벽에 컵을 올려놓는 거치대도 걸지 않았고, 조리 도구는 스테인리스 수저통에 함께 넣고 사용한다. 꺼내 쓰기에도 편하고 애써 열 맞춰 정리하는 수고도 덜 수 있어 홀가분하다.

나와 달리 도구를 잘 사용하고 살림살이를 좋아하는 사람, 아기자기하게 집을 잘 꾸미는 사람들도 많다. 그러니 정답은 없다. 그저 자신이 생활하기에 편안하고 즐거우면 그것이 최선이다. 다만 나의 경험을 참고해 자신이 꿈꾸는 공간은 어떤 모습인지 한번쯤 생각해보는 기회가 되면 좋겠다.

살림살이, 줄이거나 없애거나

나는 식기 건조대를 없앴다. 가뜩이나 좁은 주방에 턱 하니 놓여 있는 걸 보면 가슴이 답답해지는 기분마저 들었다. 소량의 설거지는 세척 후 드라잉 매트에서 자연 건조하고, 대량의 설거지는 식기세척기에 넣고 건조가 끝나면 그릇을 싱크대 상부장 안에 정리해 넣는다. 필요할 때마다 상부장을 열어 꺼내 쓴다.

정수기의 경우 처음에는 렌털 서비스 정수기를 썼다. 슬림한 형태였는데도 공간을 꽤 차지해 페트병에 든 생수도 사다 먹어보았다. 그런데 생수를 매번 사오는 것도 번거롭고 환경에도 좋지 않아 다시 정수기를 써야 하나 고민스러웠다.

다시 알아보고 구입한 정수기는 싱크대 아래에 필터를 달아 사용하는 직수 정수기다. 일 년에 한 번 필터만 교체하면 되니 다른 정수기에 비해 유지 비용이 상당히 저렴하다. 게다가 공간을 거의 차지하지 않아서 만족스럽다. 물론 냉온수가 나오는 등의 추가 기능은 없다.

작은 냉장고의 장점

우리 집 냉장고는 용량이 작다. 900리터 가까이 되는 양문형 냉장고가 아닌 상냉장 하냉동 형태의 462리터 냉장고다. 24평 아파트 주방이라 공간의 제약이 많아서 레이아웃을 고민하다 좀 더 넓은 조리대를 확보하기 위해 과감하게 작은 냉장고를 선택했다.

나는 쾌적한 주방을 만들기 위해 작은 냉장고에 애정을 갖기로 했다. 냉동칸 용량이 작기에 냉동식품보다는 신선식품 위주로 구입하게 되었고, 식품을 쟁여두었다가 버리는 일도 없어졌으며, 장바구니도 가벼워졌다. 큰 냉장고가 아니어도 잘 먹고 잘 살 수 있는 법을 알게 된 것이다. 작은 주방과 작은 냉장고 덕에 또 하나를 배우게 되었다.

주방 살림살이 개수를 줄이고 도구의 색감은 통일했다.
조리대를 넓히기 위해 주방 레이아웃을 변경하고 작은 냉장고를 넣었다.

비밀7
주부의 로망,
쾌적한 다용도실

주부라면 누구나 깨끗하게 정돈된 세탁실에 대한 로망이 있을 것이다. 축축하고 어수선한 공간이 아닌, 잡지에서 볼 법한 쾌적하고 아늑한 세탁실이 있다면 얼마나 좋을까.

세탁실은 보통 주방과 연결된 다용도실^{베란다}에 있는데 바닥, 단열, 가구, 수납 계획만 잘 짜도 꽤 괜찮은 공간으로 탈바꿈할 수 있다. 확장 공사를 하면서 주방과 다용도실을 같은 타일로 시공하여 일체감을 주고 터닝도어 대신 간결한 중문을 설치하는 것도 좋은 방법이다. 보조 공간이기에 가성비 있는 인조대리석 상판, 비싸지 않은 수전으로 연출하는 것을 추천한다. 애벌빨래를 할 수 있는 작은 보조 싱크볼을 설치해도 되고, 필요에 따라 싱크볼 대신 수납공간을 만들 수도 있다. 가구를 짤 때 비용은 들겠지만 값비싼 자재를 쓰지 않고 실속 있게 계획하면 쓰임새 있고 보기에도 좋은 쾌적한 다용도실을 만들 수 있다.

또한 치렁치렁한 빨래 건조대 대신 심플한 빨래봉을 설치하는 것도 하나의 방법이다. 요즘은 건조기를 쓰는 집이 많은데 건조기에 넣지 못하는 니트류, 청바지 등을 말리는 용도로 빨래봉을 사용하면 실용적이면서 공간이 단정해진다.

다용도실을 보조 주방이나 홈카페로 만들어 실내처럼 아늑하게 쓰고 싶다면 확장하여 천장을 석고보드로 마감해서 다운라이트를 매립하거나 단순한 모양의 벽등이나 펜던트를 달아도 괜찮다. 조명의 색온도는 4000K가 무난하며 노란빛을 내는 전구색을 좋아하면 3000K를 넣으면 된다.

다용도실처럼 잘 보이지 않는 공간도 조금 더 관심을 기울이면 쓸모 있는 공간으로 변신할 수 있다. 작은 것 하나하나가 모여 집 전체의 완성도와 품격이 달라진다.

화이트 주방과 어울리는 알루미늄 프레임 중문으로 주방과 다용도실을
분리했다. 다용도실은 확장하고 맞춤 수납장을 짜넣어 오븐, 세탁기,
건조기를 공간에 딱 맞게 설치했다.

다용도실 입구에 미닫이 형태의 우드 중문을 시공했다.
맞춤 수납장과 간결한 TT창이 세탁실을 쾌적하고 아늑하게 만든다.

3
거실과 방

우리 집 거실에는 내가 오래전부터 갖고 싶었던 동그란 호두나무 테이블이 있다. 새로 인테리어 공사를 하며 루이스 폴센 조명도 달았고 세븐체어도 마련했다. 꿈꾸던 거실에서 책을 읽고 글을 쓰고 차도 마시는데, 정말로 이렇게 살아보고 싶었다. 원목마루와 거슬림 없는 깨끗하고 하얀 벽, 좋아하는 가구와 조명을 두고 행복하게 살고 싶었다. 기분 좋은 공간에서 꾸준히 글을 쓰니 SNS를 통해 친구들도 많이 생기고, 책을 쓰는 행운도 얻게 되었다. 내 인생 버킷리스트 중 작가라는 꿈이 있었는데 새로운 나의 공간에서 그 꿈을 이루게 된 것이다.

이번 장에서는 단정하고 아름다운 거실과 방 인테리어의 비밀을 소개한다. 내가 그랬던 것처럼 누구나 '나다운 공간'에서 꿈을 꾸고, 또 이루기를 바란다. 늘 편안하여 위로가 되는 공간을 만들기 바란다.

첫인상을 결정하는
현관

현관 인테리어에 무슨 특별한 게 있을까? 그렇다. 현관은 욕실이나 주방처럼 크게 복잡할 것이 없다. 현관은 타일과 신발장, 조명, 중문, 이 네 가지만 염두에 두면 된다.

현관은 집의 첫인상을 결정하는 공간이므로 600각 이상의 큰 타일로 시공하면 차분하고 정돈된 느낌을 줄 수 있다. 신발장은 다른 공간에 설치하는 가구들과 마찬가지로 서라운딩을 없애면 전체적인 통일감을 줄 수 있다.

조명은 크기가 큰 센서등보다는 3인치 다운라이트를 매립하고 센서를 연결하면 깔끔하다. 조명으로 공간에 포인트를 주고 싶다면 신발장 하부를 띄워 시공한 후 아래쪽에 T5조명_{간접등}을 넣는 방법도 고려해볼 만하다. 분위기가 은은하고 하부 공간을 확보할 수 있다는 장점이 있다. 단, 신발장의 깊이가 깊은 경우 바닥까지 내려 시공하는 것이 안전하다.

현관에 중문을 설치하는 경우도 많은데 이는 어디까지나 선택 사항이다. 신발 등 어수선해 보이는 것들을 가리고 싶거나 소음과 찬 공기를 차단하고 싶을 때, 거실에 아늑함을 더하고 싶은 경우에 중문 시공을 추천한다.

중문 소재는 나무, 금속 등 원하는 분위기에 따라 선택할 수 있다. 나무는 공간에 온기를 주며 수종은 오크, 월넛 등이 무난하다. 금속은 보통 알루미늄 소재를 사용하는데 깨끗한 인상을 준다. 컬러는 화이트, 그레이 등 선택의 폭이 넓으니 색상 역시 실내 분위기와 어울리게 선택하면 된다. 문 개폐 방식은 미닫이와 여닫이, 원도어와 양개형, 스윙도어 등의 형태가 있으니 공간의 구조와 취향에 따라 정할 수 있다.

현관의 한쪽은 키 큰 신발장, 한쪽은 낮은 하부장을 두어 수납공간은
확보하면서 개방감을 주었다. 그레이 톤 타일에 어울리는 월넛 수종의
미닫이문으로 공간을 분리했다.

따듯한 원목마루에 어울리는 오크 수종의 양개형 중문.
외풍과 소음을 막아주며 심미적으로도 아름답다.

비밀 2

칼각의 선과 면,
천장과 벽

면의 수직 수평이 반듯하게 잘 맞는 것을 '칼각'이라고 표현하기도 한다. 칼각을 살리는 확실한 방법은 천장과 벽체를 새로 만드는 것인데 보통은 시공비가 부담되서 새로 하지 않는다. 그러나 오래된 집은 천장이 기울어진 경우도 있으므로 잘 확인해보고 정도가 심하다면 새로 하는 것을 권한다.

벽도 마찬가지다. 많이 기울어져 있다면 벽체를 세워 반듯하게 만드는 것이 좋다. 나는 집의 기본 중의 기본인 천장과 벽의 수직 수평을 맞추는 것이 미니멀 인테리어의 핵심이라고 생각한다. 천장과 벽을 새로 시공하여 반듯반듯 칼각을 만들면 이후 수월하게 해결되는 공정이 너무나도 많다. 나는 그 중요성을 깨닫고 우리 집 거실과 주방 쪽 천장을 모두 철거하고 새로 했다.

석고보드의 위대함

그렇다면 어떻게 집의 바탕을 반듯하게 만들 수 있을까? 바로 '석고보드'다. 석고보드는 얇은 석고판 양쪽을 종이로 마감한 건축 자재로 목공사에서 벽과 천장을 만드는 데 사용한다. 집의 맨몸 상태인 콘크리트 위에 가늘고 기다란 나무 각재를 대고 그 위를 석고보드로 마감한다.

천장이나 벽체를 새로 시공하면 다음과 같은 장점이 있다.

첫째, 수직 수평을 맞추어 벽이 반듯해지므로 집의 인상이 한층 시원하고 깔끔해진다. 또 천장에 여유 공간이 있다면 천장을 최대한 높일 수 있다. 천장이 높을수록 쾌적하고 넓어 보이며, 깊이감 있는 공간 연출이 가능하다.

둘째, 반듯반듯한 면 덕분에 도배 공정 시 각이 살아 있는 결과물이 나온다. 만약 석고보드를 새로 치지 않고 기존의 벽 위에 도배하는 경우라면 면작업에 신경을 써야 한다. 면이 고르지 않아 퍼티 작업 구멍이나 균열 부분의 단차를 메워 평평하게 만드는 것이 많이 필요한 상태라면 도배사 인건비나 작업 비용이 추가되며, 석고보드를 새로 치는 것보다는 완성도 면에서 아쉬울 수 있다. 무몰딩 도배를 할 때 석고보드의 위력은 정말 대단하다.

셋째, 서라운딩 없는 주방 가구·붙박이장 시공이 용이하다. 앞서 설명했듯, 미니멀한 주방을 만들기 위해서는 싱크대 주변의 마감재인 서라운딩이 없어야 좋다. 천장을 새로 시공하면 수직 수평이 맞아 바로 상부장을 달아도 라인이 딱 맞다. 다만 주방 가구 회사마다 서라운딩 시공에 대한 규정이 다르므로 업체와 미리 협의해야 한다.

이 외에도 석고보드로 벽체를 새로 만들고 도장으로 마감하면 걸레받이를 없앨 수 있는 등 장점은 무척 많다. 이러한 이유가 아니더라도 리모델링할 집의 천장 상태를 확인해보고, 내려앉거나 이상 있는 곳은 목공팀과 상의하여 부분적으로라도 새로 시공하는 편이 낫다.

천장과 벽체의 수직 수평이 잘 맞으면 집의 인상이 선명하고 고급스러워진다.

미니멀 인테리어에서
무몰딩은 필수

몰딩이란 벽과 천장 사이 이음매를 깔끔하게 하기 위해 띠 형태로 두르는 마감재이며, 바닥에 두르는 몰딩을 걸레받이라고 한다. 몰딩의 종류는 평몰딩, 마이너스몰딩, 무몰딩이 있다.

무몰딩은 말 그대로 몰딩이 없는 것이다. 평몰딩은 얇고 평평한 몰딩을 대는 것이며 천장에 드러나 보인다. 마이너스몰딩은 자재가 따로 있고 히든hidden형 마이너스몰딩은 겉에서 봤을 때 튀어나오지 않고 매립되어 있다. 자세히 들여다보면 벽과 천장 사이에 살짝 틈이 있는 것처럼 보이는데 은근한 고급스러움이 느껴진다. 미니멀한 것을 고르자면 무몰딩과 마이너스몰딩을 꼽을 수 있는데 각각 디테일이 다르니 사전에 알아두자.

도배와 몰딩

무몰딩 시공은 벽에 도배를 하거나 도장을 할 경우 모두 가능하다. 비용은 무몰딩 도배가 무몰딩 도장보다 저렴하다. 물론 무몰딩 도배도 일반 도배와 비교했을 때는 좀 더 비싸다. 면작업에 신경을 많이 써야 하고, 매우 정교한 작업이라 품이 많이 들기 때문이다. 무몰딩 도배를 잘하는 시공팀도 많지 않아 수요에 비해 공급이 딸리므로 무몰딩 도배 시공을 염두에 두고 있다면 미리 계획하고 준비해야 한다.

마이너스몰딩을 하려면 목공팀에 자재를 시공해달라고 한 뒤, 도배로 마감하면 된다. 무몰딩, 마이너스몰딩 둘 다 여의치 않다면 평몰딩이나 계단식 몰딩으로 하는 것도 괜찮다. 다양한 후기를 참고하고 자신의 상황에 따라 적절하게 선택하기 바란다.

도장과 몰딩

도장할 경우 천장과 벽체를 모두 도장하는 방법과 천장은 도배, 벽체는 도장으로 하는 방법이 있다. 또한 집 전체를 도장하는 방법, 비용 절감을 위해 거실과 주방 등 공용 공간만 도장하고 방은 도배하는 방법도 있다. 방은 비교적 작은 공간이고 가구를 놓으면 벽과 걸레받이, 몰딩이 크게 도드라져 보이지 않기 때문이다.

　도장을 하려면 석고보드를 두 장2P 겹쳐서 시공해야 한다. 첫 번째와 두 번째 석고보드를 서로 어긋나게 붙이는데 이렇게 해야 서로 지지해주어 하자 발생 확률이 줄어든다. 도장 시공은 면작업에 공이 많이 들고, 목공비가 추가되어 비용이 만만치 않다. 천장은 도배, 벽체는 도장으로 할 경우 무몰딩도 가능하나 마이너스몰딩 시공도 괜찮다. 천장과 벽체를 마감하는 재료가 서로 다르므로 마이너스몰딩 자재로 자연스럽게 끊어주는 것도 나쁘지 않다. 무몰딩이든 마이너스몰딩이든 자신이 선호하는 느낌으로 선택하면 된다. 예산에 여유가 있다면 도장하는 것도 괜찮다.

　우리 집은 무몰딩 도배를 했다. 천장을 다 털어내 새로 시공하고, 무몰딩 도배까지 하니 전체적으로 칼각의 라인이 완성되었다. 나는 이 경험을 통해 집의 바탕에 집중하는 것이 얼마나 중요한지, 그것이 미니멀 인테리어를 완성하는 데 얼마나 핵심적인 요소인지 깨달았다.

목공사 때 몰딩을 시공하지 않고 이후 무몰딩 도배로 마무리지었다.

바닥은 타일로, 벽은 무몰딩 시공한 거실.

무몰딩 시공으로 공간을 미니멀하게 정리하면 가구와 소품이 더욱 빛을 발한다.

슬림해서 예쁜
9밀리 문선

방문을 달기 전에 문틀을 설치하고, 문선을 두르는데 문선의 종류는 일반 문선, 9밀리 문선, 무문선이 있다. 문선의 폭에 따라 나뉜다고 보면 된다.

9밀리 문선이란 앞에서 보이는 문선의 폭이 1cm도 안 되는 9mm 정도 사이즈의 문선을 말한다. 두꺼운 일반 문선에 비해 슬림해 시각적으로 간결한 느낌을 줘서 미니멀 인테리어를 추구하는 사람들에게 인기 있다.

9밀리 문선 외에 무문선 시공법이 있는데 문선이 돌출되지 않아 군더더기 없이 깔끔한 인상을 준다. 다만 벽체를 도장했을 때 주로 쓰는 방법이라 시공이 제한적이다. 도배 벽체에 무문선을 시공하는 사례도 간혹 있으나 손이 자주 닿는 부분이고 물건이 스치면서 오염이 생길 수 있으므로 도배로 마감하는 경우에는 무문선보다 9밀리 문선을 추천한다.

문선은 MDF나 합판으로 만들 수 있는데 취향에 따라 9mm 또는 12mm 문선 모두 선택 가능하다. 목수가 9밀리 문선을 만들면 후에 인테리어 필름이나 도장 공정에서 마감하면 된다.

방문은 보통 목수가 보여주는 샘플지 중 원하는 색상을 골라 발주하는데 동일한 컬러의 인테리어 필름지를 문선에 입히면 된다. 걸레받이를 할 경우 방문, 문선, 걸레받이까지 컬러를 통일하면 이질감이 없다. 또한 방문을 도장하는 경우에는 같은 페인트로 문선까지 칠하면 된다.

목공사 때 슬림한 문선을 시공하고 인테리어 필름 또는 도장으로 마감하면 깔끔하다.
오른쪽 페이지는 9밀리 문선을 시공한 방문의 안쪽 모습.

비밀5
개인의 취향이
한껏 드러나는 바닥재

강마루로 할까, 원목마루로 할까? 아니면 색다르게 타일 바닥을 해볼까? 바닥재 선택도 큰 고민 중 하나다. 나 역시 공사를 준비하며 바닥재의 종류와 색상의 다양함에 놀랐고, 브랜드에 따라 가격이 천차만별이어서 선택에 어려움이 있었다.

우선 마루와 타일 중 어떤 바닥재로 할지 결정해야 한다. 마루는 따뜻한 감성을, 타일은 세련미를 지녔기에 원하는 집의 분위기나 개인적인 선호도에 따라 고를 수 있다. 마루는 편안하고 부드러운 느낌을, 타일은 일반적인 주거 공간과 다른 모던한 분위기를 연출하는 데 효과적이다.

따뜻한 느낌, 마루 바닥재

나는 따뜻한 기운을 지닌 나무를 좋아해서 마루로 선택했다. 요즘 트렌드는 소폭보다는 190×1900mm 이상의 광폭 마루를, 또 원목에 가까운 자연스러운 느낌을 선호한다. 소비자의 눈이 점점 높아지고 있다는 뜻이다. 인테리어에서 바닥재의 비중은 꽤 크므로 제품의 소재와 질감 등을 세심하게 살펴보고 선택해야 후회가 없다. 마루의 컬러는 오크, 티크, 블랙 등 다양한데 자연스러운 오크 톤이 가장 인기가 높다.

우리 집은 125×900mm 크기의 오크 톤 원목마루를 시공했다. 예산 문제로 광폭 마루는 하지 못했지만 내가 할 수 있는 최선의 선택이었다. 원목마루와 하얀 벽이 있는 집을 나는 오래도록 꿈꿔왔다. 맨발로 나무 바닥을 밟고 거니는 순간, 반짝이는 햇살이 비치는 마루에 누워 있는 순간들까지 이 모든 것이 감사하다.

모던한 느낌, 타일 바닥재

요즘은 바닥재를 타일로 시공하는 경우도 늘어나는 추세다. 포세린 타일에 대한 관심이 높아졌고, 또 그만큼 세련되고 질 좋은 타일이 보편화되어 접근이 쉬워진 측면도 있다.

타일로 거실 바닥을 마감할 경우 작은 타일보다는 600×600mm 또는 600×1200mm의 큰 타일로 시공할 것을 추천한다. 거실 면적이 넓어 자재비가 많이 들 경우 예산이 빠듯하다면 중국산 타일을, 예산이 조금 넉넉하다면 유럽산 타일을 선택할 수 있다. 보통은 거실과 주방을 같은 타일로 시공하고, 방은 마루로 시공하는 경우가 일반적이다. 거실, 욕실, 주방, 베란다 등 타일 시공 범위가 넓으니 경험이 많고 숙련된 타일 시공자를 섭외하는 것이 중요하다.

원목마루와 타일을 가격으로 단순 비교하기는 어렵다. 원목마루는 평당 10만 원대부터 100만 원대까지, 타일도 헤베당 2만 원대부터 10만 원이 넘는 것까지 자재나 품질, 원산지에 따라 금액 차가 크다.

인테리어에서 바닥과 벽체가 집의 분위기를 결정짓는 가장 기본적인 요소이므로 갖고 있는 가구, 반려동물 유무, 가족의 취향 등을 두루 감안하며 마루와 타일의 장단점을 따져봐야 한다.

바닥재를 타일로 시공한 거실. 마루와 다른 모던하고 세련된 매력이 있다.

비밀 6

집이 단정해지는 마법,
창호

집이 편안하고 안전한 공간, 따뜻하고 효율이 높은 집이 되기 위해서는 뭐니 뭐니 해도 창호가 가장 중요하다. 전체 인테리어 공사 비용에서 차지하는 비중이 높은 이유이기도 하다. 지은 지 몇십 년 된 집이거나 기존의 창호가 부실해 제 기능을 못한다면 창호를 교체해야 한다. 그렇지 않고 기능은 괜찮지만 창호 프레임 컬러가 마음에 들지 않는 경우엔 인테리어 필름 작업을 통해 원하는 컬러로 리폼하기도 한다. 이때 필요에 따라 창호 롤러나 창틀의 모헤어 같은 부속품을 교체할 수 있다.

창 분할 비율의 마법

우리 집 거실 창은 일반 창호이지만 마치 시스템창호처럼 통창 느낌이 난다. 그 비밀은 바로 창 분할 비율에 있다. 창호팀 실측 때 창호 중간에 창이 나누어지는 비율, 즉 창 분할 사이즈를 별도로 요청했다.

여닫는 환기창을 최소한의 비율로 줄이고, 나머지 부분은 최대한 크게 제작함으로써 개방감을 얻기 위해서였다. 환기 문제는 거실 옆의 베란다 창과 맞은편 주방 창이 있으므로 서로 보완할 수 있다고 판단했다. 전체 공간이 크지 않으므로 환기에는 크게 문제될 것이 없었다. 주방 창의 비율도 2:1 또는 3:1로 환기창을 작게 만들어 보다 시원한 느낌을 주었다.

시스템창

주방 창은 열리지 않는 픽스창이나 턴앤드틸트창Turn&Tilt, 돌려서 여
닫거나 기울여 여닫을 수 있는 두 가지 개폐 방식의 창, TT창이라고도 한다처럼 창
분할이 없는 시스템창으로 시공하면 개방감을 최대한 구현할 수
있다. 턴앤드틸트창은 닫았을 때 밀폐력이 뛰어나 냉난방 효과도
탁월하고, 디자인 또한 깔끔하다. 창 사이즈가 작으면 분할 없이
단독으로, 창 사이즈가 크면 픽스창과 혼합하여 제작한다. 분할 없
이 하나의 창으로 제작하는 경우, 하중을 견딜 수 있는 크기 제한
이 있으니 시공할 공간을 보고 결정한다.

　시스템창의 소재는 PVC와 알루미늄이 있으며, 알루미늄 소재
가 좀 더 비싼 편이다. 집 전체를 시스템창으로 시공하기에는 비용
이 부담될 것이다. 기본적으로 PVC창호하이새시를 시공하고, 주방
이나 일부 공간 등 디자인적으로 힘주고 싶은 부분에 시스템창을
시도해보는 것도 괜찮은 방법이다.

커튼과 블라인드

창호를 제작할 때, 인테리어 공사가 끝난 후 블라인드나 커튼 중
어떤 것으로 공간을 연출할지 미리 염두에 두면 더욱 완성도 있게
창호를 디자인할 수 있다. 전창바닥까지 내려온 창과 반창중간까지만 있
는 창, 공간의 용도에 따라 어울리는 제품이 다르다. 커튼은 보통 전
창에 어울리며 자연스럽고 따뜻한 분위기를 만들기에 좋다. 블라
인드는 반창에 어울리며 정돈된 느낌을 준다.

창 분할이 없는 픽스창이나 TT창을 시공하면 좀 더 개방감 있는 공간을 만들 수 있다.

분위기 담당,
조명과 스위치

예전에는 거실 조명을 천장에 매립하는 형태가 아닌 천장면보다 조금 튀어나온 형태로 중앙에 설치하는 것이 일반적이었다. 그러나 최근에는 천장면을 평평하고 깔끔하게 만들고 중앙등 없이 다운라이트만 매립하기도 한다.

다운라이트만으로 집의 조명을 시공할 때 주의해야 할 점이 있다. 바닥을 직접적으로 비추는 조명의 특성상 너무 많이 매립하면 눈이 부시고 어수선해 보일 수 있다. 그래서 다운라이트의 형태나 개수, 간격 등을 종합적으로 검토한 후 균형을 맞추는 것이 매우 중요하다.

스위치 회로 분리

우리 집 거실은 천장을 새로 하며 천장 끝에 간접등 매립 박스를 만들어 T5조명을 넣고, 중앙에는 차분한 디자인의 중앙등을 설치했다. 그리고 필요에 따라 색온도와 조도를 조절하기 위해 스위치 회로를 분리했다. 결과는 만족스러웠다. 스위치 회로를 분리해 평소에는 간접등인 T5조명만 켜고 생활하고, 청소를 하거나 밝은 조명이 필요할 때는 중앙등을 켜서 상황에 맞게 조절한다.

천장 공사를 하지 않거나 비교적 간편한 시공을 원한다면 중앙등과 함께 다운라이트를 일정 간격을 두어 매립하면 된다. 천장에 조명이 돌출되는 것이 싫다면 중앙등 없이 다운라이트만으로 연출하는 방법도 고려해볼 수 있다.

아이 방 조명

아이 방 조명은 계획이 필요하다. 한창 공부하는 시기에는 밝은 중앙등을 설치하고 휴식을 위한 간접등도 함께 설치하여 필요에 맞게 사용하면 편리하다. 인테리어 공사 때 스위치 회로를 분리하여 방에 2구 스위치를 시공하면 된다. 중앙등의 밝은 빛을 좋아하지 않는다면 다운라이트 같은 매립등과 커튼 박스 쪽에 간접등을 시공하고 테이블 램프를 보조 등으로 활용하는 것도 괜찮다. 조명 기구를 구입할 때 중앙등, 매립등, 간접등 모두 색온도를 선택해야 한다. 중앙등은 보통 4000K, 5700K 중에 선택하고, 휴식을 위한 간접등은 3000K, 4000K 중에 선택하면 무난하다.

스위치와 콘센트

스위치와 콘센트 브랜드도 다양한데 집 전체에 필요한 스위치와 콘센트의 개수가 적지 않으므로 예산과 디자인을 고려하여 선택한다. 내가 원했던 스위치는 독일산 융스위치로 디자인이 미니멀하고 고급스럽다. 그러나 예산을 생각해 깔끔한 디자인의 저렴한 국산 스위치를 선택해 시공했다.

스위치와 콘센트를 선택하는 방법은 다양하다. 예산이 넉넉하다면 집 전체에 융스위치 같은 고급 제품을 선택하면 된다. 비용이 다소 부담된다면 거실과 주방 등 공용 공간만 융스위치로 시공한다. 예산이 빠듯해 무몰딩이나 졸리컷 등 다른 우선 순위에 비용을 지출해야 한다면 모두 국산 브랜드 스위치로 시공해도 괜찮다.

위 왼쪽부터 국산 브랜드, 르그랑, 융스위치, 맨 아래는 융콘센트.
융 브랜드 제품 가격은 국산의 5~6배 정도이며 더 비싼 모델도 있다.
스위치와 콘센트 개수를 미리 파악하고 예산에 맞춰 구입 계획을 세운다.

아늑한 분위기를 만들고 싶다면 간접등과 매립등을 적절히 섞어 조명 계획을 세운다.
공간의 조도를 밝게 하려면 중앙에 면조명을 시공하는 것이 좋다.

공간의 완성도를
높이는 가벽

가벽은 공간을 분리하고자 할 때 필요하다. 목공사 때 제작할 수 있으며 사이즈, 모양 등을 원하는 대로 만들 수 있다. 이때 중요한 것은 공간의 구조에 맞게 가벽을 디자인해야 한다는 것이다. 예를 들어 안방에서 침실과 드레스룸을 분리할 가벽을 세우려고 할 때 가벽이 들어가도 답답해 보이진 않을지, 공간의 밸런스를 해치진 않을지 세심하게 따져봐야 한다. 주방이나 현관 등 다른 공간도 마찬가지다.

　나는 우리 집 가벽을 만들 당시 줄자를 들고 수십 번씩 사이즈를 체크했다. 인테리어 초보에게는 모든 것이 다 처음이니 감 잡기가 어려웠다. 상상했던 것들이 목공사를 통해 뚝딱 만들어질 때의 기쁨과 설렘이 아직도 기억난다.

주방 가벽

우리 집에는 가벽이 두 개인데 하나는 주방, 하나는 현관에 있다. 과하지도 부족하지도 않은 가벽을 만들기 위해 디자인과 사이즈를 여러 가지로 그려보았다. 거실에서 주방이 바로 보이는 구조라 주방의 모습을 조금 가리고 싶었고, 마트에서 사온 식료품들이나 요리할 때 어지럽게 널려 있는 도구들을 가벽으로 가리면 좋을 것 같았다. 또한 가벽을 만들지 않으면 싱크대 옆쪽 마감이 그대로 노출되는데 가벽으로 그 부분을 깔끔하게 막을 수 있었다. 디자인은 약간의 개방감을 주고 싶어 반가벽 형태로 시공했다.

현관 가벽

현관 인테리어를 계획할 때 중문 설치 여부를 결정해야 하는데 구조나 평수에 따라 중문이 적합한지 신중하게 따져봐야 한다.

　우리 집의 경우 중문을 설치하면 답답할 것 같아 가벽을 선택했다. 현관에 들어서면 바로 화장실이 보이는 구조가 마음에 들지 않았고, 배달 기사들이 우리 집을 훤히 들여다볼 수 있는 것도 싫어서 현관 가벽을 화장실이 보이는 앞쪽으로 시공했다. 보통은 소파가 보이는 쪽인 현관 옆쪽으로 가벽을 세우는데 관점을 달리해 아이디어를 내보았다. 가벽 디자인에 대한 아이디어를 노트에 그려보며 상상했는데 기대했던 것만큼 만족스러웠다. 완전히 막을 경우 답답할 수 있어 세로로 유리를 넣어 세련된 느낌을 더했다.

　가벽을 적절하게 세울 수 있다면 공간을 좀 더 실속 있게 활용할 수 있다. 리모델링할 집의 도면을 펼쳐놓고 가벽이 필요한 곳이 있는지 살펴보며 디자인해보자. 이때 중요한 것은 만들고 싶은 가벽이 공간의 크기와 전체적인 분위기에 어울리는지 여러 차례 확인하는 작업이다.

현관에서 화장실이 바로 보이는 구조라 가벽을 만들어 시선을 차단했다.
원목 간살 중문에 투명 유리를 넣어 외풍과 소음을 막았다.

방, 크기와 개수에 따른
수납 계획

사람들은 방에서 책을 보고, 음악을 듣고, 공부를 하고, 핸드폰을 보고, 잠을 잔다. 무엇을 하는지는 비슷한데 공간을 채우고 있는 가구와 물건 등 방의 모습은 제각각이다. 혹시 너무 많은 물건들을 갖고 있어 방의 주인이 물건이 되어버린 것은 아닌지 한번쯤 생각해볼 일이다. 대부분의 집은 방이 그리 크지 않으므로 수납과 가구에 대한 합리적인 계획이 필요하다.

수납 공간 만들기

오래도록 살 집이라면 방의 구조와 크기에 딱 맞는 붙박이장을 제작하는 것도 좋은 방법이다. 그렇지 않다면 자녀의 나이나 취향을 생각해 이사할 때도 가져갈 수 있고, 배치를 바꿔가며 유연하게 활용할 수 있도록 가구를 따로 구입하는 것도 고려할 만하다.

　붙박이장의 장점은 벽과 바닥, 천장에 딱 맞게 제작하므로 버리는 공간 없이 사용자의 필요에 맞게 수납공간을 구성할 수 있다는 점이다. 하지만 개별 맞춤인 만큼 기성품보다 비용이 더 들고 이사할 때 가져가기 어려우므로, 장단점을 따져보고 신중하게 결정해야 한다.

　요즘은 안방에 붙박이장을 넣지 않고 아예 드레스룸을 분리하고 싶어 하는 사람들이 많아졌다. 큰 평수의 아파트라면 방의 개수가 많으므로 안방 옆의 작은 방을 드레스룸으로 사용하면 편리하다. 그러나 남는 방이 없다면 인테리어 공사 때 안방에 가벽을 세워 한쪽을 수납공간으로 활용할 수 있다. 가벽 앞쪽에는 침대만 두고, 뒤쪽은 기성 수납장이나 행거를 두고 옷이나 이불을 수납하는 방법이다. 용도에 따라 공간을 분리해 정돈돼 보이지만, 경우에 따라 방을 나누면서 답답하게 느껴질 수도 있다.

이처럼 방의 수납 계획은 기성 붙박이장, 맞춤 제작 가구, 가벽으로 수납 공간 만들기 등 다양하게 할 수 있으니 자신의 취향과 필요에 따라 선택한다.

작은방을 넓게 쓰는 지혜

우리 집 아이 방의 경우 24평 아파트의 작은방이라 짐을 줄여야 했다. 나는 작은방의 한계를 극복하기 위해 최소한의 물건만 넣기로 마음먹었다. 먼저 침대를 놓지 않았다. 작은 공간에 침대를 놓으면 방의 주인이 침대가 될 노릇이었다. 커다란 가구에 압도되고 싶지 않아 침대를 포기하는 대신 좋은 소재의 목화솜 요와 구스 이불을 골라 아이에게 아늑함을 주었다. 책상과 책장이 아이 방 가구의 전부인데 방의 폭도 좁아서 깊이가 깊지 않은 책장을 따로 주문해 조금이라도 더 넓어 보이게 했다. 최소한의 가구로 꾸민 방은 공간의 여유만큼 마음의 여유를 주었다.

참고로 방의 활용도를 높이기 위해 방문을 없애거나 미닫이문을 시공하기도 한다. 예를 들어 안방 옆의 작은방을 드레스룸으로 쓰는 경우, 안방에서 드레스룸을 편하게 드나들 수 있도록 각 방문은 달지 않는다. 대신 거실로 나가는 쪽에 미닫이문을 달아 공용 공간과는 자연스럽게 구분해준다139쪽 사진 참고. 미닫이문을 달 때는 여닫을 때 간섭이 생기는 곳은 없는지 미리 확인해야 한다.

왼쪽 사진은 방 한쪽 공간에 딱 맞게 붙박이장을 설치한 모습.
아이들 방은 크기가 작아 책장과 책상 등 최소한의 가구만 두었고,
침대를 놓지 않고 목화솜 요와 구스 이불을 마련했다.

안방에 가벽을 세워 침실과 드레스룸 공간을 분리했다.

거실과 안방 사이에는 원목 간살 미닫이문을 달아 공간을 나누고,
안방과 맞은편 드레스룸은 방문을 달지 않아 편하게 드나들 수 있게 했다.

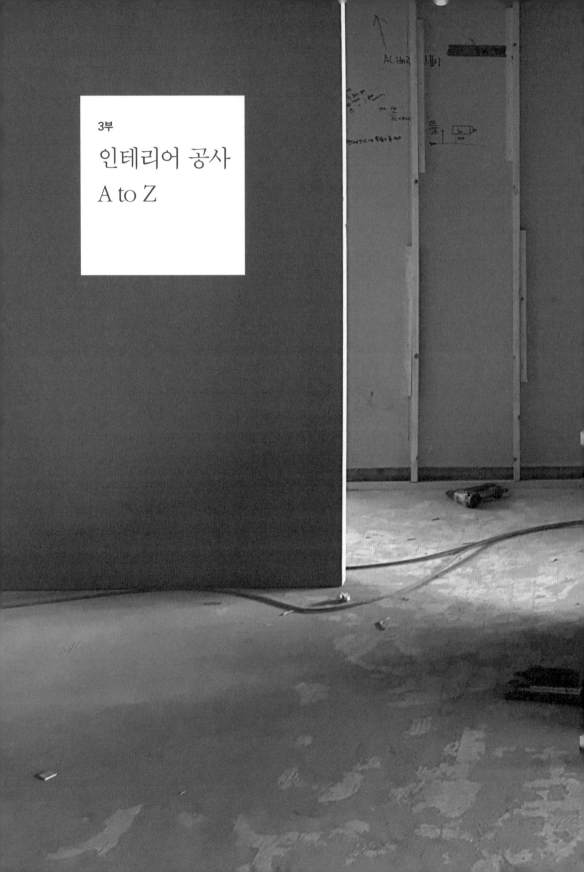

3부

인테리어 공사
A to Z

1
사전 준비

인테리어 공사를 결심했다면 가장 먼저 집을 어떻게 고칠지 계획하고, 공정별 작업 내용을 파악한 뒤 그에 따른 자재 구입, 시공팀 예약을 준비해야 한다.

우선 집의 상태를 세밀하게 파악해야 한다. 충분한 시간을 갖고 공간별로 구석구석 살펴보며 정확하게 실측한다. 창호를 교체하는 경우에는 미리 발주해야 한다. 또한 발코니 확장 여부, 분배기 상태, 스위치와 콘센트 위치, 리폼과 교체 비용 등 먼저 알아보고 결정해야 할 것들이 많다.

관리사무소에 연락해 아파트 공사 규정·입주민 동의서·작업 가능 시간·보양 범위·주의사항 등을 숙지하고, 발코니를 확장하거나 비내력벽을 철거하는 경우에는 공사 시작 전에 관할 구청에서 행위허가를 받아야 한다.

턴키 업체에 맡기는 경우에는 준비 작업부터 대행해줄 것이고, 셀프 인테리어 하는 경우라면 이러한 내용들을 미리 파악하여 공사에 차질이 없도록 꼼꼼히 준비한다.

인테리어 공정

인테리어 공사의 첫 출발은 전체 공정의 순서와 내용을 파악하는 것이다. 누구네 벽지가 무슨 컬러인지, 그 집 마루는 무슨 브랜드인지, 그 타일은 어디서 구입했는지 나무 하나하나를 보기 전에 한 걸음 뒤로 물러나 먼저 숲 전체를 봐야 한다.

공정의 전체 프로세스를 숙지하고 있어야 좀 더 지혜롭게 공사 준비를 할 수 있다. 다음의 공사 순서를 참고해보자.

공사 순서

❶ 사전 준비
❷ 철거 및 설비
❸ 창호
❹ 전기 배선 공사
❺ 목공

❻ 타일과 도기 시공
❼ 인테리어 필름과 도장
❽ 마루와 도배
❾ 주방 가구와 붙박이장
❿ 조명 설치와 마무리

공정별 내용 예시

❶ 사전 준비	· 행위허가 받기(구조 변경 시) · 입주민 동의서 받기 · 물품 구입 계획(건설 폐기물용 PP마대, 경첩, 손잡이, 스토퍼, 현관 철물, 액자 레일, 도어락, 인터폰, 환풍기 등) · 엘리베이터 보양	도기 시공	○○업체 (견적:○○원) · 도기, 욕실 액세서리 리스트 확정 (배송 일정 및 양중 확인) · 시공 위치 확인
❷ 철거 및 설비	○○철거(견적:○○원) · 현관, 거실, 방, 주방, 욕실 철거 · 마루 철거업체 예약 확인 · 거실, 작은방 확장 및 바닥 단열 · 도시가스 배관 철거(인덕션 설치 시) · 욕실 배관 설비 및 1차 방수 · 에어컨 배관 작업	❼ 인테리어 필름과 도장	○○업체(견적:○○원) · 필름지, 페인트 결정 · 문선, 현관문에 필름 · 도장 선택 · 베란다 벽 도장 작업
❸ 창호	○○창호(견적:○○원) · 브랜드 선택(KCC, LG 등) · 확장부 이중창 설치 · 발코니 터닝도어(유리 종류 선택)	❽ 마루	○○마루 (견적:○○원) · 마루 종류 선택 · 마루 시공 후 보양 작업 확인
❹ 전기 배선 공사	○○전기(견적:○○원) · 조명 도면 레이아웃 확정 · 스위치, 콘센트 신설 · 이설 부분 확인 · 스위치 회로 분리 확인	도배	○○도배 (견적:○○원) · 도배지 선택 (브랜드, 제품 넘버 확인)
❺ 목공	○○목공 (견적:○○원) · 천장, 벽체, 방문, 문선 시공 · 천장과 벽체 단열 · 시스템에어컨 단내림 · 합판 보강(실링팬, 벽걸이 TV 설치할 곳) · 가벽 제작, 액자 레일 시공	❾ 주방 가구와 붙박이장	○○퍼니처 (견적:○○원) · 주방 가구 소재, 싱크대 상판 소재 선택 · 주방, 붙박이장 레이아웃 확인 · 싱크볼, 수전, 후드 선택 · 냉장고, 식기세척기 등 기기 확인
❻ 타일	○○타일 (견적:○○원) · 타일 구입(배송 일정 및 양중 확인) · 욕실 2차 방수(타일 시공 전 완료) · 욕실, 현관, 베란다, 주방 벽과 바닥 시공 · 조적 선반 및 조적 파티션 시공	❿ 조명 설치와 마무리	○○전기(견적:○○원) · 스위치, 콘센트 모델 선택 · 조명, 다운라이트 모델, 색온도 확인 · 미리 구입해놓은 펜던트 설치 · 시스템에어컨 설치 · 인터폰, 도어락 시공

한눈에 보는 공사 비용

대략적인 공사 비용을 오른쪽 표와 같이 소형, 중형, 대형 평수 세 가지 경우로 나눠 소개한다. 하나의 예시일 뿐이며 집 상태와 확장 여부, 자재에 따라 비용과 시공 순서가 달라진다.

셀프 인테리어로 집 전체를 고치는 경우 평균 비용은 평당 200만 원 내외이지만 자재와 시공법에 따라 평당 150~250만 원 또는 그 이상이 될 수도 있다. 2020년, 24평 우리 집을 셀프 인테리어할 당시에는 평당 130만 원 정도로 총 3천만 원 조금 넘게 들었는데 요즘은 그때와 많이 달라졌음을 실감한다. 인건비와 자재비는 물가 상승률을 반영해 계속 오르고 있고, 작업 내용과 시공팀에 따라 다르므로 하나의 예시로만 참고하자.

시장 조사

네이버 카페 〈셀프 인테리어 My Home〉

셀프 인테리어를 준비하는 사람이라면 거의 필수로 가입하는 온라인 커뮤니티. 공정별 작업 내용, 시공법 등 수많은 인테리어 관련 자료를 공유해 현실적이고 구체적인 도움을 받을 수 있다.

인테리어 플랫폼 〈오늘의집〉

온라인 집들이, 인테리어 소품, 전문가 시공 서비스 등 인테리어에 필요한 정보를 한곳에서 볼 수 있는 국내 최대 인테리어 플랫폼이다. 셀프 인테리어 시공 사례와 전문가 시공 사례 모두 찾아볼 수 있어 참신한 아이디어를 얻을 수 있다.

단위: 만 원

공정	작업 내용	24평	34평	48평
사전 준비	· 행위허가 신청, 입주민 동의서 받기, 엘리베이터 보양 · 동의서와 보양은 직접 하면 비용 절감 가능	70	70	70
철거 및 설비	· 욕실, 주방, 바닥, 몰딩 등 철거 · 주방 도시가스 배관 철거 · 확장부 바닥 난방 및 단열 · 설비 확인(욕실, 주방 수도 배관 등) · 에어컨 배관 작업(에어컨 업체 별도 예약)	400	500	700
창호	· 일반 창, 발코니창, 시스템창 · 터닝도어 · 브랜드와 모델에 따라 비용 다름	1000	1400	1700
전기 배선 공사	· 배선 작업	50	80	100
목공	· 천장, 벽체, 방문, 확장부 천장과 벽 단열 (인건비+자재비 포함) · 작업 범위에 따라 금액 다름	600	800	1000
타일	· 주방, 욕실, 현관, 베란다 타일 시공(인건비+자재비 포함) · 600각 포세린 타일, 중국산 타일 기준 · 600×1200mm 타일, 유럽산 타일은 비용 추가	800	1000	1300
도기	· 천장재 포함 화장실 한 칸당 약 40~50만 원	도기류 100 시공비 40	도기류 200 시공비 80	도기류 200 시공비 100
인테리어 필름	· 9밀리 문선, 현관문, 기타 작업(인건비+자재비 포함) · 창호, 방문, 가벽, 선반, 붙박이장 리폼 등 작업 내용이 늘어나면 시공비도 추가됨	90	100	120
도장	· 베란다 도장, 기타 작업 · 인테리어 필름 시공하는 곳은 도장으로 대체 가능하며 작업 내용 추가 시 비용 달라짐	90	100	120
마루	· 강마루 기준, 걸레받이 포함(인건비+자재비 포함) · 원목마루 시공 시 비용 추가됨	300	420	600
도배	· 평균값 기준. 현장 컨디션에 따라 달라짐 · 도배 시공법(일반 도배, 무몰딩 도배 등)에 따라 금액 변동	300	420	600
주방 가구와 붙박이장	· PET 싱크대, 붙박이장, 신발장	800	1300	1800
조명 설치	· 스위치, 콘센트, 조명 시공(인건비+자재비 포함) · 개당 2~3천 원 내외의 기본 스위치 기준	100	150	200
폐기물 처리	· 폐기물 양에 따라 책정함	70	100	150
잡비	· 인터폰, 철물, 쓰레기봉투, PP마대, 배송비, 양중비 등	100	150	200
총 비용		4910 (평당 200)	6870 (평당 200)	8960 (평당 190)

핀터레스트 Pinterest

이미지 공유 플랫폼. 다양한 참고 자료를 모아 볼 수 있어 편리하고, 나만의 보드를 만들어 카테고리별로 이미지를 분류, 저장할 수 있다. 예를 들어 욕실, 주방, 미니멀 인테리어 등 원하는 키워드를 입력하고 마음에 드는 이미지에 핀을 꽂아 보드에 저장해놓으면 필요할 때 언제든 찾아볼 수 있다.

자재상 탐방

인터넷에 공유된 수많은 자료를 보며 어느 정도 감을 잡았다면 이제 본격적으로 발품을 팔 차례다. 공사를 시작하면 작업자와의 소통부터 디자인, 현장 감리, 청소, 잡일 등 할 일이 많아 정신없이 바쁘다. 따라서 공사 시작 전에 시간 날 때마다 자재상을 탐방하며 미리 자재를 골라놓으면 훨씬 마음의 여유가 생긴다.

타일, 조명, 도기, 욕실 액세서리, 마루, 싱크대 등 골라야 할 것이 많은데 서울의 경우 을지로와 논현동에 자재상이 많다. 을지로는 자재가 다양하고 저렴한 편이며, 논현동은 고급 자재가 많아 가격대가 높은 편이다.

주방 가구는 논현동에 한샘, 에넥스, 리바트 등 우리나라 주요 회사의 대표 지점이 모여 있어 한 번에 둘러보기 편하다. 사제 주방 가구는 지역 곳곳에 업체가 있으니 직접 찾아가서 가구의 사양과 디테일을 살펴보고 상담하면 된다.

공사가 시작되면 챙겨야 할 것이 많아 바쁘니 미리 자재상을 둘러보고
필요한 자재를 골라놓으면 한결 부담을 덜 수 있다.

사전 준비

실측

공사 전 반드시 해야 할 일 중 하나가 '실측'이다. 도면상 치수와 실제 치수가 다를 수 있기 때문이다. 목공, 타일 등 공정별 작업 내용을 의논하거나 주방 가구 상담, 가구 구입, 자재 구입 시 필요하므로 공간별 사이즈 확인은 필수다.

관리사무소에서 상세 도면을 받거나, 주민센터나 온라인에서 건축물 현황도를 발급받는다. 실측할 때는 도면, 줄자, 펜만 있으면 된다. 모든 공간의 가로, 세로, 높이까지 구석구석 기록하며 단위는 밀리미터로 통일해 쓴다.

실측 시 체크리스트

☐ 거실, 방, 주방 등 확장할 곳 있는지 확인
☐ 에어컨 배관 작업 계획 세우고 실외기실 위치 확인
☐ 곰팡이 유무 확인 및 단열 계획 세우기
☐ 마루 종류 확인 후 마루 철거업체 예약
☐ 창호 상태 확인 후 교체 여부 결정
☐ 욕실, 베란다, 주방에 설비 이동·신설 필요한지 확인
☐ 분배기 노후 정도와 이상 여부 확인

예약

성공적인 인테리어를 위해서는 시공자를 미리 섭외해두어야 하는데, 그러려면 먼저 입주 날짜가 확정돼야 한다. 공사 시작일이 정해지면 철거부터 순서대로 예약을 진행해나가면 된다.

시공자를 섭외할 때 중요한 점은 예약하기 전 반드시 공사 내용

을 파악하고 있어야 한다는 것이다. 예약할 때 작업자에게 공사 내용을 설명할 수 있어야 작업 소요일에 대한 피드백을 받을 수 있다. 예를 들어 철거 예약 시 철거 범위, 발코니 확장 여부, 설비 이동이나 신설 계획을 말하면 업체에서 ○일 걸린다고 알려준다. 그러면 ○일 다음날을 창호 시공일로 예약하면 된다. 이런 식으로 전기, 목공, 타일, 도기 설치, 인테리어 필름 등 공정별 순서대로 예약해나가며 스케줄표에 정리한다.

누구나 좋은 작업자를 만나고 싶을 것이다. 여기서 '좋다'의 의미는 시공 실력이 뛰어난 것은 물론 소통이 원활하고 내 취향과 의도를 잘 반영해주는 작업자이다. 작업자는 셀프 인테리어 커뮤니티, 인테리어 관련 플랫폼, 인스타, 블로그 등을 통해 찾을 수 있는데 작업물과 후기를 꼼꼼히 살펴보면 선택에 도움이 된다. 시공팀에 대한 정보를 얻은 후에는 전화로 대화해보며 작업 가능 여부와

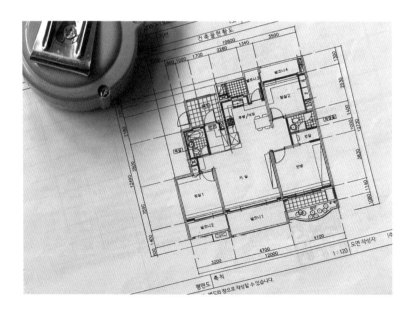

도면과 실제 사이즈는 다를 수 있으므로 공사 시작 전 반드시 실측해야 한다.

소통의 만족도를 종합적으로 판단해 확정한다.

예약은 시간을 넉넉히 두고 하며, 예약한 다음에는 공정별 디테일에 대해 공부한다. 공사 1~2주 전에 주요 작업자들과 함께 실측하는 경우가 있는데 그때 그동안 공부한 것을 토대로 원하는 시공의 가능 여부, 소요 비용 등을 물어보고, 개인의 취향과 희망사항을 함께 설명한다. 이후 전문가의 조언을 구해 최적의 합의점을 찾아나간다.

스케줄 정리

공사 기간은 경우에 따라서 조금씩 달라지는데 20~30평대는 대략 4~5주, 중대형 평수는 5~6주 정도 걸린다. 상황에 따라 1~2주 더 소요되기도 한다.

오른쪽 스케줄표는 20~30평대 중소형 평형 기준으로 비는 날 없이 공사 일정을 잡은 경우다. 공사 도중 예상치 못한 문제가 발생할 수 있기에 공정 사이에 하루씩 여유를 두면 이상적이다. 시스템에어컨이나 중문, 터닝도어 설치, 실리콘 마감 작업 등의 계획이 있다면 업체와 협의하여 일정을 추가해야 한다.

행위허가

비내력벽 철거, 발코니 확장 등으로 인한 구조 변경이 필요한 경우 행위허가를 받아야 하는데 보통 대행업체에 맡기는 경우가 많다. 공사 전 도면을 토대로 구조 변경을 반영한 새로운 도면을 만들고 관련 서류를 취합해 구청에 행위허가 신청을 한다. 대행 비용은 업체마다 조금씩 다르며 후기를 살펴보고 일을 원활히 처리해주는 곳으로 선택하면 된다.

날개벽이나 실내 중간의 기둥을 철거하고 싶다면 내력벽 여부를 사전에 반드시 확인해야 하며, 내력벽이면 절대 철거해서는 안된다. 내력벽 여부는 관리사무소의 도면이나 건축물 현황도를 발급받아 확인할 수 있다. 가끔 실제와 다른 경우도 있으므로 철거업체와 함께 정확하게 확인해야 한다.

행위허가 신청 후 허가증을 받기까지 10일 전후의 시일이 걸리므로 공사 시작 한 달 전에는 행위허가 신청을 하는 것이 안전하다. 행위허가증명서를 받은 후 공사를 시작한다. 이후 방화판, 방

스케줄표

월	화	수	목	금	토	일
DAY-1 철거 및 설비 1일차 마루 철거	DAY-2 철거 및 설비 2일차 철거	DAY-3 철거 및 설비 3일차 확장, 단열	DAY-4 철거 및 설비 4일차 설비, 마무리	DAY-5 창호 시공 창호 철거, 시공		
DAY-6 전기 배선 공사 배선 작업	DAY-7 목공 1일차 단열, 벽체	DAY-8 목공 2일차 가벽, 보강, 벽체	DAY-9 목공 3일차 방문, 벽체	DAY-10 목공 4일차 천장, 마무리		
DAY-11 타일 1일차 타일	DAY-12 타일 2일차 타일	DAY-13 타일 3일차 타일	DAY-14 타일 4일차 줄눈 시공	DAY-15 도기 시공 도기, 욕실 액세서리		
DAY-16 인테리어 필름 문선, 현관	DAY-17 도장 1일차 퍼티, 면작업	DAY-18 도장 2일차 칠작업	DAY-19 도장 3일차 칠작업	DAY-20 마루 시공		
DAY-21 도배 1일차 면작업	DAY-22 도배 2일차 초배 시공	DAY-23 도배 3일차 정배 시공	DAY-24 가구 시공 1일차 주방, 붙박이장	DAY-25 가구 시공 2일차 주방, 붙박이장		
DAY-26 가구 시공 3일차 주방, 붙박이장	DAY-27 조명 설치					

※ 평수가 크거나 공사 내용이 많은 경우 두 달 내외까지 기간이 늘어나기도 한다.
시스템에어컨 시공, 마감 실리콘 작업이 추가되면 일정이 늘어난다.

화문, 화재 감지기 등의 방화 시설을 설치하고 공사가 끝나면 구청에서 사용 승인을 받는다.

입주민 동의서

관리사무소에 공사 신고를 하고 입주민 동의서 양식을 받는다. 양식에 공사 내용과 일정을 기입하고 관리사무소에서 정하는 세대 수를 기준으로 이웃 주민의 동의를 받는다. 직접 해도 되고, 시간이 여의치 않다면 대행업체에 맡긴다. 공사 시작 전에 완료해야 하며, 행위허가가 필요한 경우에는 입주민 동의서를 먼저 받은 후에 행위허가 신청이 가능하다.

엘리베이터 보양 및 보증금

아파트 같은 공동 주택의 경우 공사 기간 동안 예치하는 보증금이나 사용료가 있는 곳이 있다. 공사가 끝나고 엘리베이터나 공용 시설에 피해가 없는 것이 확인되면 보증금을 돌려준다. 관리사무소에서 엘리베이터 보양재를 제공하는 경우도 있는데 만약 그렇지 않다면 직접 보양재를 사서 설치하거나 대행업체에 맡기면 된다.

공사 안내문

위 작업이 모두 완료되면 게시판과 엘리베이터 안에 공사 안내문을 게시한다. 156쪽 예시를 참고하여 작성해도 되고, 공사 내용과 소음의 강도 등 좀 더 자세한 내용을 추가로 기재해도 된다.

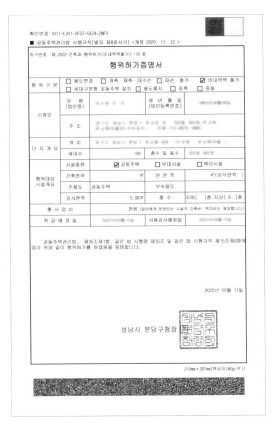

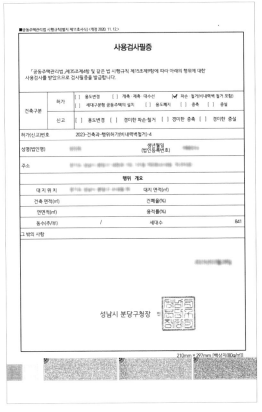

행위허가 접수를 하고 보통 7~10일 후 〈행위허가증명서〉가 나오면 공사를 시작할 수 있다.
공사 완료 후 관할 구청에 준공 사진을 보내면 사용 승인을 의미하는 〈사용검사필증〉을 발급해준다.

공 사 안 내 문

안녕하세요. OO아파트 OO동 OO호 입니다.

실내 인테리어 공사로 이웃 분들께 불편을 드려 대단히 죄송합니다.

최대한 빠른 시일 내 공사를 마무리하겠습니다.

불편한 점이 있으면 언제라도 연락 주시기 바랍니다. 감사합니다.

기간	일정	내용	소음 발생
11.30 ~ 1.12	11.30 ~ 12.12	철거, 확장, 창호, 전기	강
	12.13 ~ 12.27	목공, 타일	중
	12.28 ~ 12.30	도장, 필름, 마루	중
	1.2 ~ 1.4	도배	약
	1.5 ~ 1.6	주방 가구	중
	1.9 ~ 1.12	조명, 마감	약
공사 업체	직영 공사		
공사 내용	철거, 작은방 확장, 창호, 목공, 타일, 주방, 마루, 도배 등 전체 리모델링		
연락처	010 - OOOO - OOOO		

공사 안내문을 아파트 게시판과 승강기에 게시한다.

2

철거 및 설비

철거 작업과 함께 인테리어 공사의 대장정이 시작된다. 소음이 가장 많이 발생하기에 민원 또한 많아 긴장의 연속이다. 붙박이장, 조명, 욕실 등 대부분의 것을 철거한다. 마루가 깔려 있는 경우에 마루 철거도 추가해야 한다.

철거 후 수도 배관의 이동이나 신설, 발코니 확장과 단열 공사 등의 설비 작업을 진행한다. 주방에 아일랜드 조리대를 새로 만들거나 욕실 레이아웃을 변경할 경우에는 수도 배관 이동 작업이 필요하다.

욕실 철거 후에는 방수 작업에 특별히 신경 써야 한다. 분배기 노후도에 따른 교체 작업, 인덕션 설치를 위한 도시가스 배관 철거 작업은 따로 업체에 예약해 진행한다.

철거 현장에는 위험한 부분이 많으므로 셀프 인테리어를 하는 경우 철거 도중에 드나들지 말고 요청 사항이 있다면 작업 종료 후 협의하기를 권한다. 평수에 따라 다르지만 철거 및 설비 작업은 보통 3~5일 정도 소요된다.

철거업체에 따라 의뢰 가능한 공사 범위는 다르지만 크게 철거와 설비 작업이 있으며 미장, 샌딩 작업을 하는 경우도 있다.

철거

몰딩, 천장, 붙박이장, 타일, 조명 등 돌출되어 있는 대부분의 것들을 철거한다. 철거할 때 목공, 타일, 도배 등의 후속 공정과 연계되는 부분이 있으니 각 공정별 업체와 소통하며 체크해야 한다. 바닥이 마루인 경우 마루의 종류에 따라 바닥 철거 전문업체에 맡겨야 할 수 있으니 철거업체에 미리 확인한다. 바닥이 타일인 경우에는 보통 철거업체에서 같이 철거한다.

설비

설비 작업은 수도·배관의 이동 및 신설, 확장 공사와 단열 작업을 포함한다. 발코니를 확장하는 경우 확장부 바닥 단열은 철거업체에서, 천장과 벽 단열은 목공팀이 한다. 바닥 단열은 단열재를 깔고 난방 배관을 연결한 후 기존 바닥과 수평을 맞춰 미장하는 순서로 진행한다.

욕실 디자인 변경이나 조적 선반 시공을 위해 수도 배관 위치를 이동해야 하는 경우 설비 작업을 진행한다. 욕실 철거 시 누수에 주의하고 방수 처리를 꼭 해야 하며 방수 작업은 2회 이상 하는 것이 안전하다. 조적 선반이나 조적 파티션 시공은 철거팀과 타일팀 모두 가능하니 어느 팀에 맡길지 미리 계획한다. 세탁기 위치를 옮기거나 주방 구조 변경으로 수도를 이동할 때도 설비 작업이 필요하다.

공사 시작과 동시에 철거를 진행한다.
마루 철거 후 샌딩 작업을 통해 바닥면을 고르게 한다.
철거 공정은 특히 소음이 커서 민원에 신경 써야 한다.

미장 및 샌딩

미장은 패이거나 까진 부분을 시멘트로 채워 넣어 면을 평평하게 만드는 작업이며, 샌딩은 돌출된 부분의 표면을 매끈하게 갈아내는 작업이다. 미장과 샌딩이 잘될수록 후속 공정인 목공, 마루, 도배 작업이 수월하고 마감의 완성도가 높아진다.

철거업체에서 하지 않는 작업

다음은 철거업체에서 하지 않는 작업이므로 각 분야별 전문 업체에 맡겨야 한다.

첫째, 분배기 관련 작업이다. 분배기는 보통 주방 싱크대 하부장에 있으며 데워진 온수를 각방으로 보내는 역할을 한다. 분배기가 지나치게 낡았거나 누수 문제가 있다면 수리나 교체가 필요하다. 아일랜드 조리대를 만들거나 주방 레이아웃을 변경하려면 분배기 위치를 옮겨야 하는 경우가 있지만, 원래 자리에 그대로 두고 주방 수도 배관 설비만 옮겨 대면형 주방을 만들 수도 있다. 분배기 관련 작업은 적지 않은 비용이 들므로 가급적 그대로 두고 원하는 구조를 만드는 것을 추천한다.

둘째, 에어컨 배관 작업이다. 스탠드형 에어컨인 경우 철거 공정시 발코니를 확장할 때 배관을 매립하면 깔끔하다. 천장형 시스템 에어컨의 경우 철거나 창호 공정 이후 배관을 설치하고 추후 도배가 끝난 후 에어컨을 시공하므로 시스템에어컨 업체와 협의해 일정을 미리 잡아야 한다.

셋째, 주방 도시가스 배관 철거 작업이다. 인덕션이나 전기레인

기역자 주방을 대면형 주방으로 바꾸기 위해 주방 수도 배관 위치를 옮겼다.
분배기 이동 작업은 비용이 많이 들므로 꼭 필요한 경우가 아니면 그대로 두는 것이 좋다.

지를 설치하는 경우 가스 배관이 불필요하므로 따로 전문 업체를 불러 철거하면 미관상 보기 좋다. 이것 역시 선택 사항이며, 철거 범위나 배관 길이에 따라 비용이 달라지니 개별 상황에 맞춰 진행하면 된다.

욕실 방수

욕실을 철거하면 기존의 방수층이 손상되므로 방수 작업을 다시 해야 한다. 철거·설비 작업 후 1차로 액체 방수 작업을 하는데 '액방'이라 줄여 부르기도 한다. 몰탈 방수, 즉 시멘트와 물, 방수액 등을 섞은 혼합물을 콘크리트면에 붓는 방식이며, 철거팀에 방수 작업을 함께 요청하는 것이 편리하다.

좀 더 견고하고 안전한 방수를 위해서는 2차 방수인 도막 방수를 추가하는 것이 바람직하다. 방수제 종류에는 고뫄스, 수입 제품인 아쿠아디펜스 등이 있다. 철거업체나 타일업체에 따라 시공 가능 여부와 비용이 다르므로 비교해보고 맡기거나 셀프로 하는 것도 가능하다.

도막 방수 작업을 직접 하려면 먼저 고뫄스나 아쿠아디펜스를 주문한다. 고뫄스는 비용이 저렴하지만 아스팔트계이고 마르는 데 시간이 오래 걸린다. 아쿠아디펜스는 고뫄스보다 성분이 낮고 빨리 마른다는 장점이 있다. 방수제는 롤러나 붓으로 칠하면 되는데, 촘촘하게 바르기 위해 1회차에는 가로로, 2회차에 세로로 칠한다. 보통 욕실 바닥, 무릎 정도까지의 벽과 모서리까지 얇게 여러 번 바르는 것이 좋다.

욕실은 철거 후 방수 작업을 철저히 해야 한다.
1차로 액체 방수를 하고, 2차로 도막 방수까지 하면 안심이 된다.

우리 집의 경우 철거 공정 때 세 명의 작업자가 거실과 주방 천장, 현관, 욕실, 몰딩 및 방문, 붙박이장 등 대부분을 철거했다. 발코니는 이미 확장되어 있었다. 철거업체 사장님이 공사 전에 미리 실측 후 작업 내용을 확인하고 목공 등 후속 공정과 연결해 작업 내용을 정리해주었다.

욕실 선반 조적 공사는 철거업체와 타일업체 둘 다 가능했는데 나는 철거팀에 맡겼다. 우리 집엔 스탠드형 에어컨이 있어서 에어컨 업체를 불러 배관 매립 작업을 했다. 주방에는 전기레인지를 설치할 계획이어서 지역 도시가스 관할 업체에 연락해 공사 첫날 도시가스 배관을 철거했다. 에어컨 배관을 매립하고 주방에 도드라져 보이던 도시가스 배관을 철거하며 집의 레이아웃을 정리하는 데 주의를 기울였다.

철거와 설비 공사가 끝난 모습. 철거 폐기물은 철거업체에서 처리하며
이후 공정에서 나오는 폐기물은 현관 가까운 방 한쪽에 모아두었다가
마루 시공 전에 폐기물 처리업체를 불러 치우면 된다.

3

창호

집 본연의 기능을 위해 창호의 역할은 매우 중요하며, 인테리어 예산 중 상당히 큰 비중을 차지한다.

창호 교체는 철거 및 설비 공정이 끝난 다음 날 한다. 사전에 창호업체와 협의해 창호의 두께, 유리 종류 등 사양을 고르고, 창 크기를 실측한 후 맞춤 제작한다. 거실과 방의 창호뿐 아니라 베란다 입구의 터닝도어도 창호업체에서 제작한다. 비용이나 미관상의 이유로 터닝도어 대신 목문을 시공하고 싶어 하는 경우도 있는데 추천하지 않는다. 터닝도어와 목문은 단열, 방풍, 방습 면에서 기능이 완전히 다르다. PVC 재질의 터닝도어는 기밀성이 우수해 문을 닫으면 베란다의 습기나 바람이 거의 느껴지지 않는다.

창호 설치 후 창틀 주변의 이음매나 균열 사이의 틈을 실리콘으로 메우는 코킹 작업을 한다. 이때 외부 빗물이나 바람, 오염 물질이 들어오지 못하게 꼼꼼히 시공하도록 요청한다. 틈이 제대로 메워지지 않으면 빗물이 새는 등 문제가 발생할 수 있으므로 마무리까지 확실하게 챙겨야 한다.

창호의 종류

창호 프레임의 소재는 목재, 알루미늄, PVC 등 종류가 다양하다. 일반적으로 단열 기능이 우수하고 관리하기 편한 PVC창호^{하이새시}를 선호한다. 보통은 단창, 이중창을 공간에 따라 선택해 시공하며, 내·외관의 심미성 때문에 시스템창호를 선택하기도 한다.

단창은 외겹 창문이며 실내 단창, 발코니 단창 등 용도에 따라 시공한다. 이중창은 겉창과 안창으로 이루어진 창문으로 기밀성, 단열, 방풍, 방음 면에서 단창보다 월등하므로 확장부에 사용하면 된다.

시스템창은 기밀성, 단열성 면에서 특화된 기술을 적용해 일반 창호에 비해 가격이 비싸다. 단창으로 시원한 조망을 확보하면서, 삼중 유리로 단열 성능을 강화한 제품으로 단독 주택이나 상업 공간에 주로 시공했다. 요즘에는 인테리어에 대한 관심이 높아지면서 아파트에도 널리 쓰이고 있다. 소재에 따라 PVC, 알루미늄 등이 있고 개폐 방식에 따라 LS창^{lift&slide}, TT창^{turn&tilt} 등이 있다. 쉽게 말하면 성능 좋은 단창인데, 아파트에서 이중창을 해야 하는 곳에 대신 쓸 수 있을 정도로 기능이 우수하다. 다만 외부 소음이 너무 심한 경우에는 이중창을 시공하는 것이 낫다.

창호 브랜드는 국내 브랜드로 KCC, LG, 이건창호 등이 있으며 수입 브랜드로는 엔썸케멀링, 레하우 등이 있다. 주거 환경, 예산과 품질 등을 감안하여 선택한다.

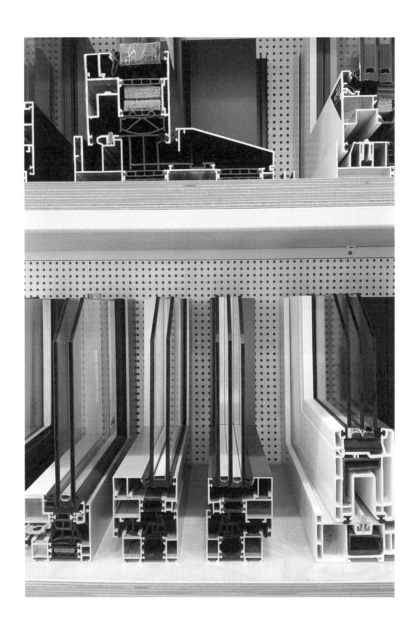

창호 전시장에 가면 사양을 직접 비교해볼 수 있다.
일반 창과 시스템창, PVC와 알루미늄 프레임, 유리 두께에 따라
다양한 제품군이 있으니 가격과 기능을 두루 비교해보고 선택한다.

창호 유리

유리 종류에는 단층 유리, 복층 유리, 로이 유리 등이 있으며 복층 유리와 로이 유리를 주로 시공한다. 로이 유리는 유리 표면에 금속으로 된 막을 입혀 열의 이동을 줄이는 기능성 유리로, 여름엔 뜨거운 태양열이 실내로 들어오지 못하게 하고, 겨울엔 실내 온기가 밖으로 빠져나가지 못하게 한다. 단열 성능이 높아 가격이 조금 더 비싸다. 외부와 접한 창은 가급적 로이 유리로 시공하는 것을 추천한다.

개방감이 중요한 공간에는 투명 유리, 노출이 꺼려지는 공간에는 불투명 유리를 사용한다. 불투명 유리 종류에는 미스트, 모루, 아쿠아 유리 등 다양한 패턴이 있으니 공간의 특성과 본인의 취향에 맞게 선택하면 된다. 거실 창호는 개방감이 중요하므로 투명 유리를 시공하고 커튼이나 블라인드로 연출하는 경우가 많다.

방의 경우도 요즘은 대부분 투명 유리를 선호한다. 반창은 블라인드, 전창은 커튼으로 연출하지만 개인의 취향에 따라 달리하기도 한다.

거실 확장부에 이중창을 시공하고 창 분할을 최소화하여 개방감이 느껴진다.

4

전기 배선 공사

전기 작업은 총 두 번에 걸쳐 이루어진다. 첫 번째는 철거 및 설비 후 배선 공사, 두 번째는 도배와 붙박이장 시공 후 조명 설치할 때이다. 다만 매립등 타공은 다음 공정인 목공사에서 천장 신설 후 작업해야 한다.

전기 공정은 다른 공정에 비해 특히 생소하고 낯설다. 용어도 어렵고 조명 배치를 어떻게 해야 할지 감 잡는 것이 어려운데 기본적으로 다음 두 가지를 기억하면 된다.

첫째는 조도와 색온도 등 기본적인 전기 용어를 익히는 것, 둘째는 집 도면에 조명 배치를 직접 그려보는 것이다. 작업자와 구두로 협의해도 되지만 문서화해서 보여주면 소통하기에도 편하고 놓친 부분이 없는지 함께 점검할 수 있다.

우리는 전기 전문가가 아니므로 암페어, 회로 같은 전문 용어까지 세세하게 공부할 필요는 없다. 너무 어렵게 생각하지 말자. 기본만 잘 챙기고 어려운 부분은 전문가와 상의하면 답을 얻는 것은 의외로 쉽다.

배선 작업

배선 작업은 조명, 스위치, 콘센트 등 전기선이 필요한 모든 부분에 전선을 빼놓는 작업을 말한다. 도면에 가구와 가전의 위치를 표시하고 조명과 스위치, 콘센트를 어느 공간에 어떻게 배치할지 표시해 작업자에게 주면 현장 상황에 맞게 배선 작업을 한다. 스타일러, 화장대 조명, 벽 조명 등을 추가하기 위해 콘센트와 스위치를 신설할 부분이 있다면 잊지 말고 꼭 의논하자.

콘센트 신설 · 이설

콘센트나 스위치의 위치를 이동하거나 신설해야 하는 경우가 있다. 예를 들어 벽걸이 TV 설치를 위해 TV 뒤로 콘센트의 위치를 이동하는 경우, 미닫이문을 달면서 스위치를 옮겨야 하는 경우, 화장대 조명이나 벽 조명을 신설해야 하는 경우 등 다양한 상황이 있다. 이때 콘크리트 벽을 일부 깨는 까대기 작업은 권장하지 않는다. 상당한 소음이 발생하는 힘든 작업이며, 콘크리트를 깨는 것 자체가 안정성 면에서 바람직하지 않다. 목공사를 통해 해당 면에 석고보드를 친 후 원하는 위치에 타공하여 콘센트나 스위치를 매립하는 것이 바람직한 방법이다. 아니면 콘센트나 스위치를 원래 위치 그대로 살려서 쓰는 것이 손쉬운 방법이다.

각 공간에 필요한 전기선을 빼놓고 필요에 따라 스위치와 콘센트를 신설, 이설한다.
인덕션 같이 소비 전력이 큰 제품은 단독 배선 작업이 필요하다.
매립등 타공은 천장을 새로 하는 경우, 다음 공정인 목공사가 끝난 후 해야 한다.

스위치 회로 추가

중앙등, 간접등, 매립등과 같이 다양한 조명으로 공간을 풍성하게 연출하고 싶을 때, 또는 때에 따라 조도를 조절하고 싶을 때 스위치 회로를 추가하면 된다. 예를 들어 기존의 2구 스위치를 3구 또는 4구 스위치로 바꾸어 사용자 편의에 맞게 색온도와 조도를 조절할 수 있다.

인덕션 설치 및 인터폰 교체

인덕션은 소비 전력이 크기 때문에 주변 기계 사용 여부와 상관없이 안정적으로 사용하려면 단독 배선 작업하는 것을 추천한다. 인터폰 교체 작업은 아파트 환경과 전기 작업자의 역량을 종합적으로 판단해 어려운 점이 있다면 인터폰 설치 전문업체에 따로 의뢰해야 한다.

조명의 종류와 시공법

조명의 종류에는 중앙등과 보조등, 직접 조명과 간접 조명, 다운라이트나 라인 조명 같은 매립등, 펜던트·플로어램프와 같은 디자인 조명이 있다. 기본 조명과 디자인 조명을 적절히 혼합해 사용하면 공간이 더욱 풍성하고 아름다워진다.

　다운라이트 종류에는 집중형, 확산형, cob형이 있다. 빛이 모이는 형태가 집중형, 퍼지는 형태가 확산형, 그 중간 형태가 cob형인

낡은 분전함은 새것으로 교체하고, 천장의 전기 배선이
지저분하게 노출되지 않도록 깔끔하게 정리한다.

데 빛이 닿는 면이나 위치, 모델에 따라 집중형이 cob형보다 더 퍼지는 느낌이 들기도 한다.

다운라이트 사이즈는 2인치, 3인치, 4인치, 6인치 등 다양하다. 큰 사이즈보다는 2~3인치가 주거 공간에 어울리며, 2인치보다는 3인치가 작업하기 수월하다. 조명 시공법은 여러 가지가 있지만 다음 세 가지 예시를 참고해보자.

첫째, 천장 가운데에 중앙등을 달지 않고 전체적으로 다운라이트를 일정한 간격으로 매립하여 주조명으로 사용한다.

둘째, 천장에 중앙등을 설치하고 다운라이트를 보조등으로 매립한다.

셋째, T5조명을 벽 간접등으로 시공하고 다운라이트를 일부 매립한다.

미니멀 인테리어를 위해 요즘은 첫 번째 방법처럼 천장에 돌출된 중앙등을 달지 않고 다운라이트로만 시공하기도 한다. 그러나 조도 확보를 위해 다운라이트 개수가 많아지면 산만해 보이고 눈이 피로할 수 있다. 두 번째 방법은 비교적 비용도 크게 들지 않고 무난하다. 개인적으로 가장 선호하는 스타일은 세 번째 방법이다. T5조명벽간접을 주조명으로 시공하고 다운라이트를 조금만 매립해 보조등으로 활용하면 눈부심도 적고, 은은하고 간결한 분위기를 연출할 수 있다.

벽 간접등과 매립등 설치를 위해 전기 배선 작업을 하고 있다.

조도와 색온도

'조도'란 공간의 밝기를 뜻하며 단위는 룩스lx로 나타낸다. 조도 계
산 프로그램이 있으나 접근하기 쉽지 않으므로, 공간의 평균적인
조도를 참고하는 것이 일반적이다. 밝기에 대한 개인의 선호도, 공
간의 용도에 따라 적합한 조도가 다르므로 세세한 부분까지 살펴
계획한다.

　'색온도'는 빛의 색을 숫자온도로 나타낸 것이며, 단위는 켈빈K
이다. 보통 주광색흰색, 5700K, 주백색아이보리색, 4000K, 전구색주황색,
3000K으로 구분한다. 색온도 숫자가 커질수록 차갑고 환한 느낌이
며, 작아질수록 따뜻하고 어두운 느낌이다. 개인적으로는 4000K
의 색온도가 부드럽고 자연스러워서 가장 선호하며, 우리 집에서
주로 사용하는 색온도이다. 우리 집에는 5700K, 4000K, 3000K를
고루 섞어 시공했는데 시간, 상황에 따라 달리 선택하여 활용한다.
이처럼 공간별 용도와 분위기에 따라 다양한 색온도를 연출할 수
있다.

스위치와 콘센트

파나소닉, 제일전기, 르그랑, 융스위치 등 다양한 브랜드가 있으
며, 가격은 스위치 하나에 2천 원부터 2만 원이 넘는 제품도 있다.
집 전체에 필요한 스위치와 콘센트의 양이 적지 않으므로 예산을
고려해 선택해야 한다.

　제품을 구입하기 위해 집에 필요한 스위치와 콘센트 개수를 먼
저 파악해야 하는데 헷갈릴 경우 전기 작업자에게 한 번 더 확인한

색온도 숫자가 커질수록 차갑고 환한 느낌이며,
작아질수록 따뜻하고 어두운 느낌이다.

다. 기본 조명이나 스위치 외에 따로 구입한 펜던트나 월램프가 있
다면 전기 작업자에게 함께 설치해달라고 부탁할 수 있다.

　우리 집은 전기 기술자 한 명이 작업했는데 평수가 커질수록 작
업자나 소요일이 늘어날 수 있다. 기본 배선 작업은 물론 인덕션
단독 배선 작업, 스위치 회로 분리 작업 등을 했다. 조명 시공은 기
본 조명과 스위치, 콘센트 외에 미리 구입한 욕실 등과 거실 펜던
트 시공도 함께 요청했다. 어렵고 막막한 부분은 전문가에게 도움
을 구하면 수많은 시공 경험과 노하우를 바탕으로 실질적인 조언
을 해주니 참고하면 된다.

5

목공

목공사는 집의 뼈대를 만드는 작업이므로 매우 중요하다. 천장과 벽체의 반듯한 선, 공간의 입체감은 목공사 때 결정되며 그에 따라 집의 완성도와 분위기가 확연히 달라진다.

목공의 구체적인 작업은 확장부의 벽체 및 천장 단열, 몰딩·천장·벽체 시공, 방문과 가벽 설치, 합판 보강 작업, 시스템에어컨 단내림 등이 있다. 집의 모든 구조물을 만든다고 보면 된다. 목수는 작업 전에 실측하러 오는데 그때 방문 크기와 컬러, 구조물의 위치와 규격, 천장과 벽체의 상태 등 많은 것을 확인하고 협의한다. 또 도배·도장·인테리어 필름 등 마감 방식에 따라 사용하는 자재석고보드, 합판, MDF가 달라지므로 이에 대해서도 미리 의논하여 자재를 발주한다.

안방에 가벽으로 드레스룸과 침실 나누기, 거실 천장에 실링팬 설치하기, 아치형 문 만들기 등 자신이 원하는 것들을 목공사를 통해 실현할 수 있다. 마음속에 품고 있던 꿈의 공간 하나쯤 꼭 만들어보기 바란다.

단열

확장한 공간의 벽체와 천장에 단열 작업을 한다. 단열재를 빈틈없이 시공해야 외풍 없는 따뜻한 집을 만들 수 있으니 매우 중요한 작업이다. 단열재 종류에는 아이소핑크, 이보드 등이 있으며, 확장 부분의 상태와 업체의 시공 노하우에 따라 시공법이 달라진다.

천장과 벽체

집의 기본과 뼈대를 만드는 작업이다. 천장과 벽체에 문제가 있다면 각재, 석고보드 등의 자재를 활용해 보수하거나 새로 만든다. 예산이 빠듯하면 부분적으로 보수하고, 공간의 선과 면을 반듯반듯하게 정리하고 싶다면 비용이 들더라도 벽체와 천장을 새로 하는 것을 추천한다.

몰딩과 걸레받이

평몰딩, 마이너스 몰딩은 목공팀에서 시공하며 무몰딩의 경우 몰딩을 시공할 필요가 없다.

걸레받이 시공은 목공팀과 마루팀 둘 다 가능하며 보통 마루팀에서 마루 시공 후 걸레받이를 시공한다. 마이너스 걸레받이의 경우 목공팀에서 시공한다. 몰딩과 걸레받이에 대한 내용은 〈미니멀 인테리어에서 무몰딩은 필수106쪽〉에서도 소개했으니 참고하자.

확장 부분에 단열재로 아이소핑크를 시공했다.

방문

방문은 새로 시공하거나 기존 방문을 리폼하는 방법이 있다. 전체 리모델링을 하거나 9밀리 문선을 할 예정이라면 새로 시공하는 것을 추천한다.

　문의 종류는 ABS도어와 멤브레인도어가 있다. ABS도어는 플라스틱계로 습기에 강하고 가벼워 화장실에 주로 쓰이나 방문으로도 사용 가능하다. 멤브레인도어는 MDF 소재로 만들어 가공성이 뛰어나 다양한 디자인으로 제작할 수 있다. ABS도어에 비해 습기에 약해 방문에 적합하며 무게감이 있다.

　ABS도어든 멤브레인도어든 인테리어 필름이 입혀진 문을 원한다면 목수가 보여주는 방문 컬러 샘플을 보고 결정하면 된다. 흰색이라도 웜톤, 쿨톤 등 색감이 다양하므로 도배지와 톤을 맞추는 것이 좋다.

　방문과 더불어 문틀과 문지방도 모두 목공팀에서 시공한다. 문선의 종류는 일반 문선, 9밀리 문선, 무문선이 있다. 간결하고 단정한 느낌을 위해서는 9밀리 문선이나 무문선을 추천한다.

시스템에어컨 단내림

시스템에어컨을 설치하는 경우에는 철거 공정 후 배관 작업을 미리 해놓고, 목공사 때는 단내림과 에어컨 자리 타공 작업을 한다. 시스템에어컨 장비가 들어가려면 천장 속 공간이 180~200mm 정도 필요한데, 천장고가 낮은 집이라면 에어컨이 들어가는 부분만 단내림한다.

위 왼쪽부터 시계 방향으로 시스템에어컨 단내림, 액자 레일 작업,
단열 후 벽체 시공, 9밀리 문선 작업 모습.
목공사에서 이처럼 다양한 작업이 가능하다.

천장고가 높은 집의 경우, 거실 전체 천장을 시스템에어컨 공간 180~200mm 만큼 내려서 시공하면 천장이 평탄하여 시원해 보인다. 단, 조금이라도 높은 천장을 선호한다면 에어컨 부분을 단내림하며 거실 천장을 우물천장 형태로 만들면 단내림이 더욱 자연스러워 보인다.

평탄화 작업 및 노출부 마감

천장 가운데 부분이 움푹 들어간 우물천장을 선호하지 않는다면 목공사 때 천장 평탄화 작업을 요청하면 된다. 또 창호와 터닝도어 주변 등 노출된 부분을 매끄럽게 마감해야 한다. 그 외에 석고보드로 메워지지 않는 미세한 틈은 우레탄폼으로 채운다.

철거의 미장과 샌딩, 목공의 평탄화 작업으로 면을 고르고 평평하게 만들어놓으면 도배할 때 더욱 수월하고 깔끔하게 마감할 수 있다.

그 외에 실링팬이나 벽걸이 TV 등 무거운 제품을 설치할 곳에는 합판 보강 작업을 해줘야 한다. 또한 공간을 분리할 때 필요한 가벽, 간접 조명 설치를 위한 시사시등박스, 수납장이나 선반 등 원하는 구조물을 목공사를 통해 만들 수 있다.

목공사 완료 후 공간의 선과 면이 반듯하게 정돈되었다.

6

타일과
도기 시공

타일 작업이 필요한 공간은 첫 번째로 욕실이며 그 외에도 현관, 베란다 등이 있다. 디자인 콘셉트나 취향에 따라 주방과 거실 바닥까지 타일로 시공하는 경우도 있다.

욕실은 작은 공간이지만 챙겨야 할 부분이 많다. 철거 후 설비 및 방수 작업, 타일과 도기 구입 및 시공까지 꼼꼼히 준비해야 한다. 타일 사이즈와 시공 범위, 작업의 난이도에 따라 소요일과 비용이 달라지므로 작업자와 사전에 충분히 의논하고 계획해야 한다.

욕실 타일 시공은 기존 타일 철거 후 시공하는 방법과 철거하지 않고 덧방하는 경우가 있는데 안정성 문제로 덧방은 추천하지 않는다. 기존 타일을 철거하면 욕실화가 문턱에 걸릴 확률을 최소화하고 공간이 넓어지는 효과가 있다. 단, 철거하면 방수층도 탈락하므로 방수 작업을 반드시 새로 해야 한다. 베란다 바닥 타일은 덧방하는 방법으로 비용을 조금 절약할 수 있다.

타일 시공

공간을 미니멀하고 고급스럽게 만들기 위해 타일 공정에서 중요한 것이 첫째는 졸리 시공, 둘째는 600각 이상의 큰 타일로 벽과 바닥을 시공하는 것이라고 앞에서도 강조한 바 있다.

코너비드나 인조대리석 등 소재가 다른 마감재가 더해질수록 미니멀한 느낌이 줄어드는데 졸리 시공을 하면 욕실의 모든 면을 오직 타일만으로 마감하기에 군더더기 없는 욕실을 만들 수 있다.

모자이크 타일이나 서브웨이 타일처럼 작은 타일을 써서 감각적으로 연출할 수도 있다. 이때 방수 석고로 면을 평평하게 만들거나 막타일면을 평평하게 잡는 저렴한 600각 타일을 붙인 후 시공해야 반듯하게 마감할 수 있다.

줄눈 색상은 타일과 비슷한 톤의 회색으로 고르면 무난하고, 접착제나 줄눈의 종류는 타일 시공자의 선호도에 따라 수입 브랜드를 선택하기도 한다.

졸리 시공, 대형 타일 바닥 시공은 고급 시공 기술로 숙련된 기술자만 작업 가능하며 비용이 추가되므로, 예산과 상황에 맞춰 선택한다.

졸리컷 시공, 매립 샴푸 박스 시공, 욕조 설치 등 다양한 타일 작업 모습.

도기 설치

타일 시공, 욕조와 유가 설치까지 타일팀에서 하는 일련의 작업이 모두 끝나면 세면기와 양변기 등의 도기를 설치한다. 도기 설치는 작업자를 따로 섭외해야 한다. 도기 설치 작업자가 보통 욕실 천장과 양변기, 세면기, 수납장, 수건걸이, 휴지걸이, 환풍기 등을 모두 설치한다.

사전에 도기와 욕실 액세서리 등 욕실 관련 물품 일체를 구입하고 작업일 전까지 현장으로 배송이 완료되어야 한다. 특히 욕조와 유가는 타일 작업자가 시공하므로 타일 시공 전에 도착해야 한다. 타일, 욕조, 도기류는 배송과 별개로 자재를 현장까지 양중, 즉 운반해주는 작업자를 섭외해두어야 한다. 보통은 배송 기사가 양중까지 하지 않으며, 추가 비용을 지불하면 운반 가능한지 미리 확인해야 한다.

이처럼 욕실 한 칸을 완성하려면 철거 및 설비, 방수 작업, 타일과 도기 구입 및 시공, 마지막으로 조명 설치까지 순차적인 과정을 거쳐야 한다. 중요한 부분을 잘 체크하여 앞뒤 공정에 차질이 생기지 않도록 꼼꼼히 준비한다.

타일 작업과 도기 설치가 끝난 모습. 욕조와 유가는 타일팀이 먼저 시공하고
세면기, 양변기, 환풍기 등은 도기 설치 작업자를 따로 섭외해 시공한다.

7

인테리어 필름과
도장

문선, 현관문, 가벽 등의 구조물은 인테리어 필름지 또는 도장으로 색을 입히는 마감 작업이 필요하다.

필름 작업이나 도장을 직접 해보려는 사람들도 있는데, 생각보다 훨씬 전문적인 기술이 필요하므로 경험이 없다면 추천하지 않는다. 자칫 힘은 힘대로 들고, 완성도 면에서 아쉬울 수 있다. 퍼티 작업부터 샌딩, 마감에 이르기까지 매우 정교한 작업이며 시간도 오래 걸리므로 전문가의 도움을 받는 것이 낫다.

인테리어 필름과 도장 작업까지 마무리되면 이후 마루를 깔아야 하므로 집 안의 공사 폐기물을 모두 처리해야 한다. 폐기물은 평소 방 한곳에 모아두면 나중에 한꺼번에 버리기 편하다. 폐기물 처리업체에 미리 예약해서 마루 공정 전에 반드시 처리한다.

인테리어 필름의 종류와 시공

방문, 문틀, 문선, 현관문, 싱크대, 가구, 창호, 몰딩 등에 인테리어 필름 시공이 가능하며 새 제품으로 교체하는 것에 비해 적은 비용으로 집의 분위기를 바꿀 수 있다.

인테리어 필름 브랜드는 현대 L&C, LG, 삼성 등이 있으며 민무늬, 우드 무늬 등 패턴과 색상이 다양하다. 필름을 선택할 때는 벽지와 문틀, 문선, 방문, 걸레받이와 몰딩 등과 톤을 자연스럽게 맞추는 것이 좋다.

필름 시공은 지저분한 부분의 오염을 제거하고, 부풀거나 들뜬 부분은 매끈하게 정리하며, 홈이나 패인 부분은 퍼티 작업하고 사포질하여 평탄화하는 방법으로 밑작업을 한다. 필름 작업의 완성도는 밑작업을 얼마나 잘 하느냐에 따라 결정된다. 시공비가 무조건 저렴한 업체보다는 후기를 잘 읽어보고 꼼꼼하게 시공해주는 곳을 선택한다.

도장의 종류와 시공

페인트 종류는 크게 국산과 수입, 수성과 유성으로 나눈다. 내구성 면에서 유성 페인트가 나을 수 있으나, 요즘은 친환경 수성 페인트를 선호하는 편이다.

국산 브랜드는 삼화페인트, 노루페인트 등이 있고 수입 브랜드는 벤자민무어, 던에드워드페인트 등이 있다. 국산 페인트는 가격이 비교적 저렴해서 가성비가 무난하다는 장점이 있고, 수입 페인트는 비싼 편이나 입자가 곱고 컬러 선택의 폭이 넓다. 국산 페인

9밀리 문선은 화이트 필름지로, 현관문은 연한 베이지 톤 필름지로 시공했다.

트 품질도 좋으니 무조건 수입 제품을 고집할 필요는 없다.

도장은 인테리어 필름 시공보다 작업 시간이 좀 더 오래 걸리고 비용도 더 든다. 싱크대와 가구 리폼은 내구성과 관리 면에서 페인트보다는 필름으로 하는 것을 추천한다.

도장 작업 순서는 보통은 이음 부위 테이핑, 이음 부위 줄 퍼티, 전체 퍼티, 프라이머페인트의 접착력을 높여주는 제품, 페인트칠최소 2회 순서로 진행한다. 퍼티, 프라이머, 페인트칠 사이에는 사포질을 반복하며 면을 매끈하게 만드는 작업이 꼭 필요하다.

이음 부위는 테이프를 붙이고 퍼티 작업까지 꼼꼼히 신경 써야 하자가 발생하지 않는다. 사포질과 페인트칠은 반복하며 여러 차례 올려줄수록 마감이 깨끗하다. 페인트를 칠하는 방법은 붓칠, 롤러칠, 에어리스 뿜칠이 있다. 작업자가 칠할 부분의 특징이나 면적, 마감재에 맞춰 시공한다. 면적이 넓거나 균일한 칠마감이 필요한 경우 에어리스 도장기를 이용해 스프레이 도장페인트 뿜칠을 하는 것이 좋다.

도장은 목공 작업이 추가되고 시공비도 비싸서 좀처럼 시도하기 쉽지 않지만, 요즘 무몰딩·무걸레받이와 같은 미니멀 인테리어에 대한 수요가 늘어나면서 시도하는 사람들이 많아졌다. 집 전체의 벽체를 도장할 때 많이 쓰는 제품은 벤자민무어 스커프엑스 SCUFF-X인데 실내에서 쓸 수 있는 페인트 중 강력한 내구성을 지닌 훌륭한 제품이다.

베란다는 시공할 공간의 환경에 따라 제품을 선택한다. 수성 페인트는 가격이 저렴하고 작업하기 무난하며 베란다에 곰팡이가 없는 경우에 사용하면 좋다. 곰팡이나 결로가 자주 발생하는 환경이라면 전문가와 상의하여 결로 방지 제품을 사용한다.

도장은 이음매 테이핑, 이음매 줄 퍼티, 전체 퍼티, 프라이머, 페인트칠 순서로 진행한다.
퍼티, 프라이머, 페인트칠 사이사이에 사포질을 반복한다.
필름은 면 정리, 퍼티, 샌딩, 프라이머, 샌딩, 필름지 입히기 순으로 작업한다.

공간별 추천 시공법

인테리어 필름과 도장 공정의 공간별 시공 내용을 다음과 같이 정리할 수 있다.

목공사 때 MDF나 합판으로 9밀리 문선을 만든다. 문선 마감은 필름과 도장 모두 가능하다. 필름지로 랩핑된 방문을 시공할 경우 9밀리 문선도 같은 색상의 필름지로 마감하며, 도장할 경우 방문과 문선 모두 같은 컬러로 칠한다. 인테리어 필름에 비해 비용이 좀 더 들지만 색상 선택의 폭이 넓다.

현관문 또한 인테리어 필름과 도장 모두 가능하며 보통은 필름 시공을 많이 한다. 창호 리폼 시 도장하면 칠한 부분이 까질 수 있으므로 필름을 추천한다. 기존의 붙박이장, 싱크대를 리폼할 때도 보통 인테리어 필름으로 많이 한다. 사실 필름과 도장 마감의 특별한 경계는 없다. 각각의 장단점을 파악하여 자신이 선호하는 컬러와 질감으로 마감하면 된다.

다양한 컬러의 페인트칩을 한눈에 볼 수 있는 벤자민무어 전시장.

8

마루와 도배

마루와 도배 시공을 하면 비로소 기본 컬러가 입혀져 집이 한결 아늑해진다. 내추럴한 오크색 마루와 페인트를 칠한 듯한 하얀 벽지는 미니멀 인테리어의 정석과도 같아 많은 사람들이 선호한다.

벽지 브랜드와 종류는 매우 다양한데 아무래도 화이트 컬러를 선호한다. 같은 화이트 도배지도 톤과 질감, 두께에 따라 느낌이 다르니 본인의 취향에 따라 선택하면 된다.

깔끔한 도배 시공을 위해서는 면작업이 필요하며 이후 초배, 정배 순으로 이루어진다. 면의 특성에 따라 기초 작업을 꼼꼼하게 해두어야 도배가 깨끗하게 잘된다. 마루는 강마루, 원목마루 등이 있는데 가성비로는 강마루, 자연스럽고 편안한 느낌을 원한다면 원목마루를 선택하면 된다. 자신의 예산과 취향에 따라 다양한 자재를 직접 보고 고르는 것을 추천한다.

마루의 종류

대표적인 마루 종류에는 강마루, 온돌마루, 원목마루가 있다. 강마루는 합판에 목재 무늬 필름을 입힌 것으로 가격이 저렴하고, 원목마루에 비해 스크래치에 강해 보편적으로 많이 사용한다. 종류도 많고 색상도 다양해서 선택의 폭이 넓다. 원목마루보다는 나무의 자연스러운 느낌이 덜한 편이다.

원목마루는 합판 위에 원목 단판을 붙인 것으로 친환경적이고 자연스러운 느낌이 멋스럽다. 미적으로 아름답고 촉감도 좋아서 찾는 사람이 많아졌다. 다만 수분이나 스크래치에 취약해 주의해서 사용해야 하며 자재비가 비싸다.

요즘 트렌드는 소폭 마루보다는 광폭 마루이고, 많은 사람들이 원목의 자연스러운 질감을 선호한다. 색상은 오크, 티크, 화이트, 블랙 등 다양하나 오크 톤이 가장 인기 있다.

보통 190×1900mm 이상의 사이즈를 광폭 마루라고 부르는데 구정마루, 노바마루, 디앤메종 등은 평당 20~30만 원대다. 30~40만 원대의 지복득마루, 평당 100만 원대 이상의 이탈리아 조르다노마루까지 가격대가 다양하다.

시공 순서

마루를 먼저 시공한 후 도배를 하는 것을 추천한다. 보통 마루업체에서 걸레받이를 함께 시공하는데 만약 도배를 먼저 하고 걸레받이를 시공하면 걸레받이와 도배지가 만나는 경계에 틈이 생겨 실리콘을 쏴야 한다. 마루와 걸레받이를 먼저 시공하고 그 위로 도배

필요한 사이즈에 맞게 마루를 커팅하고 접착제를 발라 시공한다.

지가 살짝 타고 내려와야 실리콘 없이 깔끔하게 마감할 수 있다.

마루-도배 순서로 시공할 때 한 가지 주의할 점이 있다면 마루 보양을 철저히 해야 한다는 것이다. 보양을 꼼꼼하게 하지 않으면 도배 작업할 때 기계와 도구의 스침, 충격으로 마루에 손상이 생길 수 있다.

이러한 문제를 보완하기 위해 '목공 시 걸레받이 시공-도배-마루'의 순서로 할 수도 있다. 특별히 원하는 걸레받이 사이즈나 컬러가 있는 경우에도 이 순서로 작업한다. 하지만 이 경우에도 마루 시공할 때 발생하는 먼지가 도배지에 붙을 수 있고, 도배지가 찍힐 우려가 있기에 정답이라고 볼 수도 없다. 보통은 마루업체에 걸레받이 시공을 함께 맡기므로 마루 보양을 철저히 한다는 조건 하에 마루-도배 순으로 하는 것을 추천한다.

도배지 종류

재질에 따라 합지벽지, 실크벽지, 친환경벽지 등이 있다. 합지벽지는 종이로 만든 벽지로 사이즈에 따라 소폭, 광폭 합지가 있다. 디자인과 색상 선택의 폭이 다양하며 가격이 저렴하다. 단점은 시공 후 이음매 부분이 티가 나고 오염에 약하다.

실크벽지는 종이 위에 PVC 코팅을 한 제품으로 합지에 비해 오염에 강하다. 시공 후 이음매 부분이 거의 티가 나지 않아서 비교적 마감이 깔끔하다. 단점은 합지보다 가격이 비싸며 유해 물질로부터 자유롭지 못하다.

친환경벽지는 인체에 해로운 물질을 최소화하거나, 편백나무나 황토 등 천연 소재를 포함한 제품으로 가격이 비싸다는 것이 단점

도배할 때 울퉁불퉁한 면을 평평하게 만드는 면작업이 필요한 경우도 있다.
면작업 후 초배 시공, 정배 시공을 하면 도배가 마무리된다.

이다. 한살림의 에덴바이오 벽지 같은 제품이 있다.

브랜드는 엘지, 개나리, 신한벽지 등이 있고 종류와 두께, 질감
또한 다양하니 직접 눈으로 보고 비교하여 예산과 취향에 맞는 벽
지를 고르면 된다.

도배 시공법

목공 작업 시 결정한 몰딩의 종류에 따라 일반 도배, 무몰딩 도배,
마이너스몰딩 도배 등 시공법이 결정된다. 일반 도배도 그냥 하느
냐 면작업에 신경을 쓰느냐에 따라 비용이 달라지는데, 특히 무몰
딩 도배는 면작업에 시간과 정성이 많이 들어가서 시공비가 비싼
편이다.

벽 상태가 불량하다면 퍼티 작업, 면작업 등 도배사의 시간과 품
이 많이 들기에 당연히 비용이 추가될 것이다. 도배사와 미리 상의
하여 효율적으로 작업할 수 있도록 계획하는 것이 중요하다.

광폭 원목마루와 하얀 도배지를 시공한 집.
따뜻한 질감의 마감재 덕분에 공간이 자연스럽고 아름답게 빛난다.

9

주방 가구와
붙박이장

마루와 도배 작업까지 끝나면 주방 가구와 붙박이장, 신발
장 등을 설치한다. 시공하는 가구 양에 따라 다르지만 30평
대 기준으로 보통 2~3일 정도 걸린다.

　싱크대는 몸통 설치 후 문짝을 달고, 상판을 올리며 싱크
볼과 수전을 함께 시공한다. 싱크볼 사양을 상판 공장에 미
리 알려주면 그에 맞게 상판을 타공해 와서 싱크볼을 붙인
다. 주방 수전도 미리 구입해두면 상판 업체에서 위치를 잡
고 타공하여 설치한다. 이후 수전과 수도 배관을 연결한 후
누수 여부를 확인하고 이상 없으면 작업이 완료된다. 주방
후드도 이때 시공하는데 후드 종류에 따라 전문 업체에서
따로 설치하는 경우도 있다. 인덕션 자리는 상판 업체에서
제품 크기에 맞춰 미리 타공해 온다. 인덕션 설치는 모든 공
정이 끝난 후 입주 전후에 설치한다.

　신발장과 붙박이장도 보통 주방 가구 업체에서 함께 시공
하는데, 공간에 딱 맞춰 제작하면 자투리 공간까지 실속 있
게 쓸 수 있으니 수납 계획을 잘 세우는 것이 중요하다.

도어 마감재

주방 가구 도어 마감재로는 PET 페트, 도장, 무늬목 등이 있다.

PET 소재는 내구성이 좋고 가격도 합리적이라 가장 많이 시공한다. 요즘 트렌드는 유광보다는 무광이며, 화이트 무광 제품이 무난해 일반적으로 사용한다.

도장 제품은 표면과 모서리의 질감이 PET에 비해 좀 더 부드럽고 고급스럽다. 문의 모양이나 손잡이 디자인 등 원하는 느낌을 구현하기에도 PET에 비해 자유롭다. 비용은 PET 소재보다 좀 더 비싼 편이라 흔히 선택하지는 않는다.

무늬목 제품은 내추럴한 느낌이 멋스럽고 아름다우나 가격이 꽤 비싸다. 상하부장의 일부를 화이트와 섞거나, 키큰장과 아일랜드 조합을 화이트와 적절히 혼합해서 구성할 수 있으니 집의 분위기와 어울리게 선택하면 된다.

싱크대 상판

상판 소재는 인조대리석, 엔지니어드스톤, 세라믹, 원목, 스테인리스 등 종류가 다양하다. 인조대리석 상판은 저렴하고 가공성이 좋아 일반적으로 많이 사용한다. 엔지니어드스톤은 천연석이 주재료인데 오염과 스크래치에 강하며 내구성이 뛰어나다. 세라믹 상판은 단단하고 강도가 높으며 색감과 디자인이 고급스러워 요즘 부쩍 인기가 높아졌다. 엔지니어드스톤과 세라믹 상판은 인조대리석에 비해 가격이 두세 배 비싸며 세라믹은 종류에 따라 그 이상의 비용이 들기도 한다. 원목 상판은 목재의 따뜻한 감성을 구현하

상판 소재는 세라믹, 엔지니어드스톤, 인조대리석 등 다양하다. 샘플 보는 것과 전체를 시공한 느낌이 다를 수 있으니 시공 후기 사진을 반드시 참고한다. 위 사진은 인조대리석 상판을 시공한 모습.

고 싶을 때 선택하는데 습기나 스크래치에 취약하니 이 점을 유의해서 사용해야 한다.

스테인리스 상판은 카페나 레스토랑, 식당 등 상업 공간에서 주로 사용하며 오염에 강하고 위생적이며 관리하기 편하다. 가격이 비싸고 고유의 차가운 느낌 때문에 가정에서 흔히 시공하는 자재는 아니지만 오히려 차가운 느낌이 멋스러워 선호하는 사람들도 있다.

주방 하드웨어와 액세서리

서랍 레일 등 주방 하드웨어와 싱크볼, 수전, 후드 등 주방기기와 액세서리도 제품 선택의 폭이 넓다. 요즘 선호하는 수전은 그로헤나 한스그로헤, 싱크볼은 백조, 레지녹스, 블랑코 등이 있으며, 경첩과 서랍 레일 같은 주방 하드웨어는 헤티히Hettich, 헤펠레Häfele, 블럼blum 제품이 유명하다. 주방 가구의 레이아웃을 구성할 때 인덕션, 오븐, 후드, 밥솥, 식기세척기, 냉장고 등 주방가전과의 조합도 고려해야 하며 주방 가구 디자이너의 조언과 더불어 자신의 동선도 함께 반영해야 한다.

앞에서도 이야기했지만 그로헤 수전은 독일 아마존에서 구입하면 조금 저렴하게 구입할 수 있다. 다만 직구 제품은 배송 기간이 길거나 AS가 불편할 수 있고, 제품에 따라 직구와 국내 가격의 차이가 크지 않은 경우도 있기에 구입하기 전에 비교해본다. 또한 직구 외에 구매 대행업체를 통해 구입하는 방법도 있다. 물 튀는 것에 예민한 편이라면 듀얼직사와 분사 기능이 있는 제품을 추천한다.

유념할 점은 유럽과 우리나라 수전의 구경이 다르므로 유럽 수

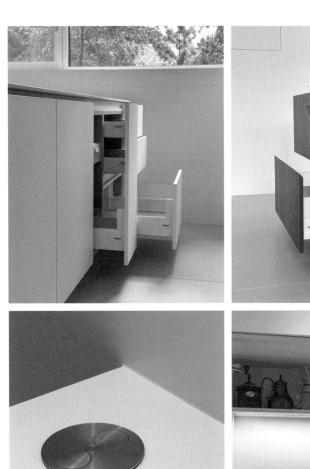

블럼 서랍(위), 아일랜드 조리대에 설치한 바흐만 트위스트 콘센트(아래 왼쪽),
165도까지 열리는 헤티히 경첩(아래 오른쪽) 등 다양한 주방 하드웨어.
디자인과 내구성을 종합적으로 판단해 자신에게 맞는 주방을 설계한다.

전을 쓰려면 어댑터를 반드시 같이 구입해야 한다는 것이다. 인터넷에서 '유럽 수전 어댑터'를 검색해 구입할 수 있다.

주방 수전 직구 방법

1. 독일 아마존 사이트 접속
2. 검색창에 kitchen faucet 또는 grohe minta 같은 제품명 입력
3. U자형, L자형 등 원하는 디자인 고르기
4. 유광, 무광 중 선택
5. 싱글직사, 듀얼직사와 분사 중 선택
6. 주소 입력 및 결제

브랜드 가구와 사제 가구

주방 가구는 대기업 브랜드 또는 사제 가구 업체에서 주문 제작할 수 있다. 한샘, 에넥스, 리바트 등 대기업 제품의 경우 시공과 AS 면에서 신뢰가 가고 안심이 된다는 장점이 있으나 서라운딩 없는 시공을 원한다면 맞춤 시공에 제약이 없는지 확인해야 한다.

사제 가구의 경우 업체도 많고 그만큼 가격대가 다양하다. 대기업 제품에 비해 저렴한 제품을 찾을 수 있지만, 고급 자재로 시공하는 경우 비용이 더 들기도 한다. 서라운딩 없는 맞춤 시공이 가능한 업체도 쉽게 찾을 수 있으니 시공 사례와 AS 등 후기를 면밀히 살펴본 후 검증된 업체에서 시공하는 것을 추천한다.

서라운딩 없는 주방 가구, 냉장고와 팬트리장이 조화롭다.

붙박이장

방, 거실, 주방, 현관 등 수납이 필요한 모든 곳에 맞춤 붙박이장을 제작할 수 있다. 신발장도 붙박이장과 함께 제작해 시공한다.

붙박이장 색상은 주방 가구와 같이 무광 화이트를 주로 선택하는데 취향에 따라 색감을 좀 넣어서 분위기를 낼 수 있다. 스타일러나 화장대가 있다면 사이즈를 가구 제작업체에 미리 말해놓아야 한다. 붙박이장에 콘센트가 필요해 배선 작업을 해둔 곳도 미리 전달해야 가구 시공할 때 참고할 수 있다.

붙박이장은 공간에 꼭 맞게 설계되므로 살림살이를 정리하는 데 그야말로 안성맞춤이다. 하지만 이사할 때 붙박이장을 가져가는 게 쉽지 않다는 점도 감안해야 한다.

나는 정말 필요한 공간은 붙박이장을 하되, 어떤 것을 선택해도 상관없는 공간이라면 이사할 때 가져갈 수 있는 좋은 가구를 사서 오랫동안 쓰는 것이 지혜로운 방법이라고 생각한다.

드레스룸과 다용도실에 붙박이장을 시공한 모습.
맞춤 장을 짜넣으면 공간을 효율적으로 활용할 수 있다.

10

조명 설치와
마무리

주방 가구 시공까지 끝나면 마지막으로 조명과 스위치를 설치한다. 다운라이트, T5조명, 중앙등, 펜던트등 같은 디자인 조명, 스위치, 콘센트까지 이때 모두 시공한다.

조명을 주문할 때는 3000K·4000K·5700K와 같은 색온도는 물론, 조명 종류에 따른 수량과 사이즈도 잘 확인해야 한다. 이를테면 다운라이트와 같은 매립등은 몇 개 들어가는지, T5조명은 300·600·900·1200mm 각 사이즈별, 색온도별로 몇 개 들어가는지 꼼꼼히 확인해야 한다.

조명 공사는 미리 배선 작업해둔 곳에 설치만 하면 되므로 크게 신경 쓸 부분은 없다. 펜던트등의 줄 길이를 얼마나 늘어뜨릴지 등 소소한 것만 신경 쓰면 된다.

이후 시스템에어컨 설치, 마감 실리콘 작업, 중문 시공, 입주 청소, 자잘한 보수 작업 등을 처리하면 된다. 실리콘 작업은 각 공정 중간에 해두었으면 따로 하지 않아도 된다.

꿈꿔온 공간의 완성

나는 우리 집에 조명 기구를 모두 설치하고 스위치를 켰을 때 '와'
하고 절로 탄성이 나왔다. 벽간접의 우아함이 특히 감동적이었다.
원목마루와 하얀 벽, 4000K의 따뜻한 빛까지 집이 전체적으로 아
름답게 조화를 이루는 듯했다. 오래된 작은 집이 어쩌면 이렇게 단
아해질 수 있는지 놀라웠다.

조명 설치까지 끝나면 인테리어의 대장정이 끝난다. 공사 준비
부터 마무리까지 숨가쁘게 달려왔다. 아름다운 집이 만들어지기
까지의 과정은 결코 쉽지 않다. 내가 인테리어 공사를 준비할 때는
한 번에 정리된 정보가 없었기에 매일 손품 발품을 팔며 맨땅에 헤
딩하듯 자료를 모으고 정리해나갔다. 수백 개의 포트폴리오를 살
펴보며 희미했던 취향이 점점 선명해졌다.

모두 다 자신이 꿈꾸는 집의 모습이 있을 것이다. 그 모습은 다
를 테지만 집이 만들어지는 과정은 비슷하다. 나의 경험과 조언이
밤새 고민하는 당신에게 한 줄기 빛이 되기를, 인테리어 공사라는
낯설고 척박한 사막에서 반가운 오아시스가 되기를 바란다.

간접등을 밝힌 다이닝 공간.
편안하게 쉴 수 있는 아늑한 공간이다.

비포&
애프터

확장 대신 폴딩도어로 개방감을 살린 집

거실과 방 하나가 해 드는 방향에 위치한 2베이 구조의 99m² 집. 30년 된 구축 아파트라 누수가 우려되어 발코니 확장은 하지 않고 폴딩도어를 설치했다. 바닥재는 600×1200mm 크기의 타일을 깔아 시원한 느낌을 주고, 주방은 키큰장과 아일랜드 조리대를 시공해 대면형 공간으로 바꾸었다. 현관에서 화장실이 보이는 것이 불편해 화장실 방향에 가벽을 세우고, 거실 창가 쪽으로 출입구를 변경해 원목 간살 중문을 시공했다. 중문과 주방 아일랜드의 톤을 맞춰 깊고도 멋스러운 공간을 완성했다.

바닥재는 유럽산 타일, 아일랜드 조리대는 무늬목 도어로 마감해
힘을 줬고 욕실과 세탁실은 가성비 있게 시공했다. 욕실 타일은 헤
베당 2만 원대인데 질감도 좋고 색감도 편안하다. 다용도실은 습
기에 취약한 곳으로 판단돼 확장하지 않고 곰팡이 방지 페인트로
꼼꼼하게 마감했다.

갤러리처럼 감각적인 집

30년 된 119m² 아파트. '갤러리 같은 집'을 만드는 데 집중해 환하고 깔끔한 마감재로 공간을 완성했다. 주방 바닥은 무늬와 질감이 깨끗한 타일을 시공해 단정한 느낌을 주면서 실용성을 더했다. 주방 가구도 간결하게 라인을 정리했다. 거실과 방은 나무 질감이 느껴지는 190×1900mm 사이즈의 광폭 원목마루를, 벽은 페인트 질감의 크림 한 방울 떨어진 듯한 하얀색 도배지를 시공해 자연스러우면서도 고급스러운 느낌이다.

방 하나는 두 자녀의 학습 공간인데, 유리 파티션과 미닫이문을 달아 채광을 확보하면서도 답답하지 않게 각 자녀의 공간을 분리했다. 현관에는 투명한 유리 중문을 달아 집의 첫인상이 밝고 깨끗해 보인다. 세탁실과 보조 주방은 전부 확장하고 주방 창호도 공간에 맞게 새롭게 정리해 쾌적하고 산뜻한 주방 공간을 완성했다.

독립된 다이닝룸의 매력을 살린 집

주방과 다이닝룸이 분리된 구조의 126m² 아파트. 전체 바닥재를 600×1200mm 사이즈의 타일로 통일해 공간을 일관성 있게 연출했다. 타일 바닥재는 모던한 인상을 주지만 자칫 차가워 보일 수 있으므로 곳곳에 나무 소재를 넣어 온기와 아늑함을 더해주었다. 평수에 비해 주방이 좁지만 다이닝룸이 온전히 독립되어 있고 넓다는 장점이 있다. 싱크대 상부장을 없애 탁 트인 공간감이 느껴지고, 하부장은 나무 소재를 써서 고급스럽다. 보조 주방 겸 다용도실 맞춤 수납장에도 같은 나무 소재를 사용해서 공간에 유기적인 흐름이 느껴진다.

안방과 드레스룸은 서로 마주 보고 있는데 편하게 드나들 수 있도
록 각방의 방문을 없앴다. 안방에서 거실로 나가는 입구에는 간살
중문을 달아 공용 공간과 자연스럽게 분리했다. 안방 욕실 세면대
공간은 건식으로 바꿔 호텔처럼 쾌적하게 사용할 수 있다.

3미터 아일랜드 주방이 시원한 집

긴 복도가 있는 145m² 아파트. 거실과 주방 바닥재는 타일로, 방
은 원목마루로 시공했다. 주방에서 거실이 한눈에 보이는 탁 트인
구조로, 주방은 키큰장과 3미터 아일랜드 조리대로 구성하여 넓고
시원한 레이아웃의 대면형 주방으로 디자인했다. 이 집은 주방뿐
아니라 수직 수평이 반듯하게 뻗은 복도, 복도의 중앙 라인을 따라
배열한 600×1200mm 타일과 매립등까지, 선명하고 고급스러운
선의 매력이 돋보인다.

안방 욕실은 450×900mm 크기의 포세린 타일로 시공했다. 기존
에 있던 욕조를 없애고 그 자리에 하부장을 짜넣어 파우더 공간으
로 만들었다. 또 유리 샤워 부스 대신 조적 파티션을 시공해 청소
하기 쉽고 아늑한 욕실 공간을 만들었다.

독립된 주방의 타일 바닥이 멋스러운 집

주방과 거실이 분리된 구조의 165m² 아파트. 천장고가 높아 우물
천장을 시공해도 답답하지 않고 오히려 공간의 깊이가 느껴진다.
주방이 독립돼 있고 출입구가 두 개인 점 등 독특한 구조의 장점을
살릴 수 있는 방향으로 디자인했다. 주방 창은 길고 간결하게, 주
방 바닥은 작은 타일로 시공해 경쾌하고 감각적이다. 거실 바닥재
는 190×1900mm 크기의 오크 톤 원목마루를 시공하고, 현관에는
원목 중문을 달아 따뜻한 분위기다.

공용 욕실은 조적 파티션으로 샤워부스를 만들고, 바닥에는 작은
타일을 깔았다. 큰 타일에 비해 줄눈의 개수가 많아 덜 미끄러우며
주방 바닥 타일과 디자인적으로 연속성이 느껴진다. 현관 쪽 중문
라인을 거실 쪽으로 당겨오고 미닫이 중문을 달아 거실의 선과 면
을 반듯하게 정리했다.

광폭 원목마루가 고즈넉한 집

거실과 주방을 모두 확장한 198m² 집. 벽은 무몰딩 도배로, 전체
바닥은 240×2200mm 사이즈의 광폭 원목마루를 깔았다. 현관은
물론 안방 입구에도 중문을 두어 공간을 분리했다. 안방과 맞은편
드레스룸은 방문을 달지 않아 편하게 드나들 수 있다. 드레스룸의
큰 창을 작고 긴 창으로 변경하고, 양쪽에 붙박이장을 넣어 충분한
수납공간을 확보했다. 주방 베란다 확장부에는 배관 설비 작업을
해 세탁기를 설치했다. 이렇게 하면 실내에서 쾌적하게 세탁기를
사용할 수 있지만 세탁기 소음은 감안해야 한다.

주방 가구는 우드와 화이트를 적절히 섞어 간결하고 따뜻한 느낌
이 든다. 냉장고 쪽 내력벽은 키큰장 문으로 가려 레이아웃을 반듯
하게 만들었다. 옹이가 있는 광폭 원목마루와 하얀 벽이 조화를 이
루며 동양미와 고즈넉함이 물씬 풍기는 멋스러운 집이다.

삶이 가벼워지는 미니멀 인테리어

일생에 한 번 내 집을 고친다면

초판 1쇄 발행 2023년 9월 20일
초판 6쇄 발행 2024년 9월 20일

지은이   오아시스(김혜정)
펴낸이   진영희
펴낸곳   (주)터치아트
출판등록 2005년 8월 4일 제396-2006-00063호
주소   10403 경기도 고양시 일산동구 백마로 223, 630호
전화번호 031-905-9435 팩스 031-907-9438
전자우편 touchart@naver.com

ISBN 979-11-87936-57-2